林苗族服饰图鉴

熊红云　顾婧　梁汉昌　著

中国纺织出版社有限公司

内 容 提 要

少数民族传统服饰经历无数沧桑发展至今，记载着一个民族系统的认知和历史，是穿在身上的历史。然而在全球化和现代化大环境下，少数民族服饰正面临着断层的命运，民族服饰穿戴者老龄化、传统服饰损坏流失使这些文化可能在不被人熟知之前就将离开人们的视野，这些美丽的服饰文化需要被记录与传播并存活下来。

本书作者通过在广西壮族自治区隆林各族自治县实地考察，采集了偏苗、白苗、红头苗、青苗、花苗、素苗 6 个苗族支系的民族服饰，对隆林苗族丰富多彩的服饰做了详细、系统的介绍。对隆林苗族服饰的形制、结构、图案、纹样、色彩、穿戴方法和人文内涵等方面进行了全面系统的解析，从而审视隆林苗族服饰的形成与构成特征。

图书在版编目（CIP）数据

隆林苗族服饰图鉴 / 熊红云，顾婧，梁汉昌著 .--
北京：中国纺织出版社有限公司，2022.7
ISBN 978-7-5180-9273-4

Ⅰ . ①隆… Ⅱ . ①熊… ②顾… ③梁… Ⅲ . ①苗族 —
民族服饰 — 隆林各族自治县 — 图集 Ⅳ.
① TS941.742.816-64

中国版本图书馆 CIP 数据核字（2022）第 070250 号

责任编辑：魏萌　谢婉津　责任校对：王花妮　责任印制：王艳丽

中国纺织出版社有限公司出版发行
地址：北京市朝阳区百子湾东里 A407 号楼　邮政编码：100124
销售电话：010—67004422　传真：010—87155801
http: //www.c-textilep. com
中国纺织出版社天猫旗舰店
官方微博 http://weibo.com/2119887771
北京雅昌艺术印刷有限公司印刷　各地新华书店经销
2022 年 7 月第 1 版第 1 次印刷
开本：710×1000　1/12　印张：11.5
字数：102 千字　定价：78.00 元

前言

2014年1月，我带领17位学生去金秀瑶族自治县考察少数民族服饰。金秀随处可见身穿少数民族服饰的绣娘在大街小巷做着手工，然而2017年3月，同学们又一次重返金秀，想寻找些手艺人的蛛丝马迹，寻遍大街小巷竟然只看到两位身着少数民族服饰的妇女。少数民族服饰消失的加速，让我心中萌生了一个念头，这件事情必须坚持做下去。

2012年开始，绝对是发自内心地对少数民族服饰中蕴藏着的绚丽多彩文化怀着无比地崇敬和热爱，让我事无巨细地带着同学们拯救和保护这些美丽的少数民族服饰。仔细地琢磨一个头饰发饰的戴法，仔细地解读一个纹样的故事，仔细地整理每套服装的穿戴结构，仔细地挖掘一套服饰的前世今生……这些少数民族服饰经历无数沧桑发展至今，记载着这一个民族系统的认知，是穿在身上的历史，少数民族服饰损坏流失使得这些文化可能在被人熟知之前就将离开人们的视野，这些美丽的服饰文化需要被记录与传播，并存活下来。

源于2014年初，看到金秀瑶族博物馆一条随意搭在模特头上的头巾，很是疑惑这条头巾的穿戴。当长途跋涉到大瑶山深处家访时，一位70多岁的老奶奶拿出了村里仅剩的一套她出嫁时穿的岭祖茶山瑶服饰。老奶奶给我演示了头巾的戴法，才发现金秀瑶族博物馆橱窗里服饰头巾的穿戴展示是错的。不为它求，只求若干年后我们参观某个博物馆时，出现的不是一个错误的穿戴，一个无人知晓这套服装曾经蕴藏的绚丽多彩、承载着前世今生的故事。

于是，2018年4月，我领着5位学生，又踏上了挖掘少数民族绚烂文化的征程，来到了南宁市青秀区古岳艺术文化村梁汉昌艺术博物馆，与民俗摄影家梁汉昌一起，拍摄并整理了隆林苗族服饰，按照解读一件产品的思路来解读一套服饰。此书得以成册，特别感谢为此书采集编辑的李鹏飞、朱晶晶、王燕、陈雯、黄茜珺、吴安琪、郁露、黄琦、李欣桐同学！

北京服装学院　副教授｜熊红云

2022年5月20日

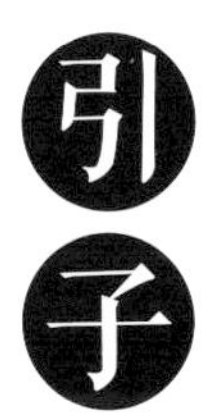

隆林

一个霓裳摇曳的地方

花一样的民族——苗族

历经多次艰难的大迁徙，大山深处激荡着灼热。

好五色衣服，制裁皆有尾形，衣裳斑斓。

六个支系服饰，万紫千红，争奇斗艳。

伴着苗族歌谣，鲜艳的苗族服饰款款飘来。

偏苗服饰 | 虹裳霞帔 钿璎累累

潋滟衣裳，走村串寨，摘下木叶，吹出悦耳动听曲。

白苗服饰 | 百花丛中一抹素雅

清风曼徐柳清影，淡雅芳慧莲伊人。

蹙眉浅笑梅欲放，紫嫣素灵薰红颜。

红头苗服饰 | 桃花争红色空深

桃红艳李，一枝独秀。

青苗服饰 | 清水出芙蓉

蜡染挑花裙，天然去雕饰。

花苗服饰 | 霓裳浅艳自何从

深居大山幽谷处，峰峦叠嶂郁葱葱。

乱花渐欲迷人眼，花团锦簇一支秀。

素苗服饰 | 粉彩蝶黄 摇曳飞来

斑斓的色调，几何的纹饰，素苗不素。

隆林苗族历史与文化

隆林各族自治县位于广西壮族自治区西北部，境内有苗族、彝族、仡佬族、壮族、汉族等五个世居民族。2019 年末，全县总人口 437907 人，其中苗族有 126044 人，占全县总人口的 28.78%，主要分布在县内的德峨、克长、蛇场、猪场、新州等乡镇。依据语言和服饰的差异，居住在隆林境内的苗族分为六个支系，分别是偏苗、白苗、红头苗、青苗、花苗、素苗。

据史料记载，五六千年前苗族生活在黄河流域，华北平原是苗族第一故乡。“九黎”是苗族已知最早的族称，“苗”是距今一千多年到近百年前逐步形成的称谓。起源于黄河流域的苗族，在数千年间进行了多次大迁徙，足迹遍及亚洲、欧洲、美洲和大洋洲。

由于苗族长期地、不断地迁徙流动，地域日益分散辽阔，相互间山水相隔，环境千差万别，各地的苗族虽然仍然保持着原有的民族共性，但在新的条件下，逐步形成了各自不同的新特点，演变成服饰、习俗、信仰、语言都有一定差异的同一个民族的不同支系，隆林苗族正是上百个苗族支系中的六个支系。

青苗

花苗

素苗

目录

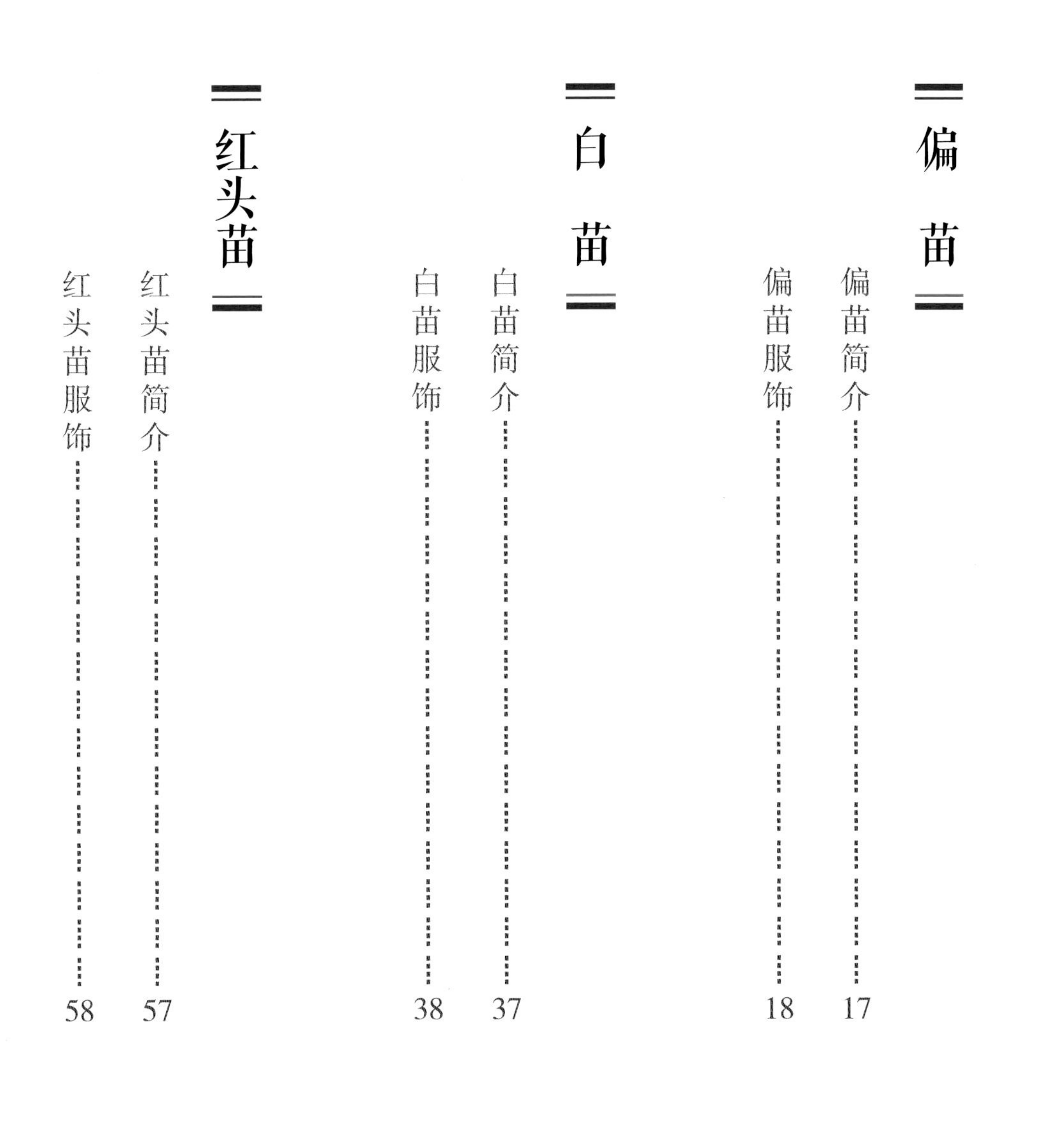

偏苗

隆林偏苗服饰

隆林偏苗服饰

隆林偏苗服饰

偏苗简介

偏苗自称孟莎，偏苗苗语叫"Hmoob Sa"，没有"偏"这个意思。根据该支系妇女梳理头发时常在发髻上偏插一把梳子而得名。偏苗支系主要居住在德峨、猪场、长发、蛇场等乡镇的大石山区，地势较高，道路崎岖，冬天有霜冻和冰雪。生活在大山深沟、隐居在高山云海之间的隆林偏苗是众多苗族支系之一。这里青山涵养着他们的勤劳与勇敢，热情拥抱着好客与奔放，自然谱写着神秘与沧桑。邻近的西林县、田林县、云南省的广南县等也有该支系分布。

偏苗在长期的历史和地理环境下，逐渐形成其独特的服饰着装习俗，其中女服最富特色。偏苗百褶裙与众多裙类不同，从前一般都是用自己制的麻布加工而成，现在一般都是在商店买好布料来缝制。其素雅简洁，色泽较深，花纹图案不多，但显得古朴端庄。其一，此裙重数千克，如外出和家居时可作为保暖的衣被；其二，需花费较多时间进行穿着，折叠整齐的褶裥在两侧，为了便于穿着，可事先用线穿插固定折叠好褶裥，一般这样的穿着方式，需在有经验的前辈的帮助下方可顺利穿好，下着半筒半褶蜡染长裙，长过小腿，褶纹在两侧，前面系一条围腰，平行下垂两条细彩带。裙子由上、下两节制成，上节裙头是蜡染花布，下节是一块宽幅黑布，绲压两道红白彩线，意喻奔流的江河，上、下节用一条刺绣饰布连接。衣裙分开，不系腰带，不束腰，体态显现宽松粗犷。

偏苗服饰

头饰 | 上衣 | 裙子 | 包 | 围腰

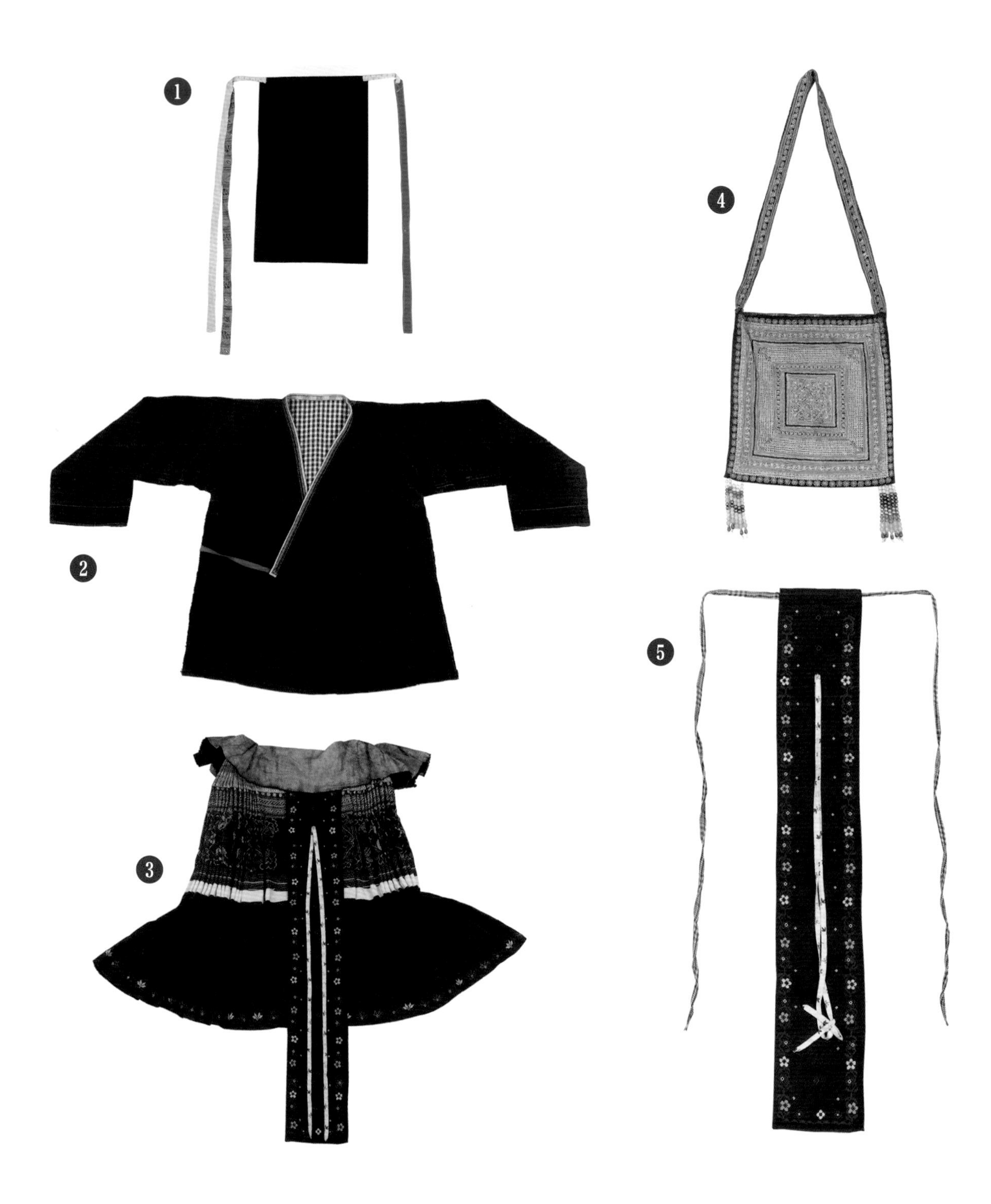

1
2
3
4
5

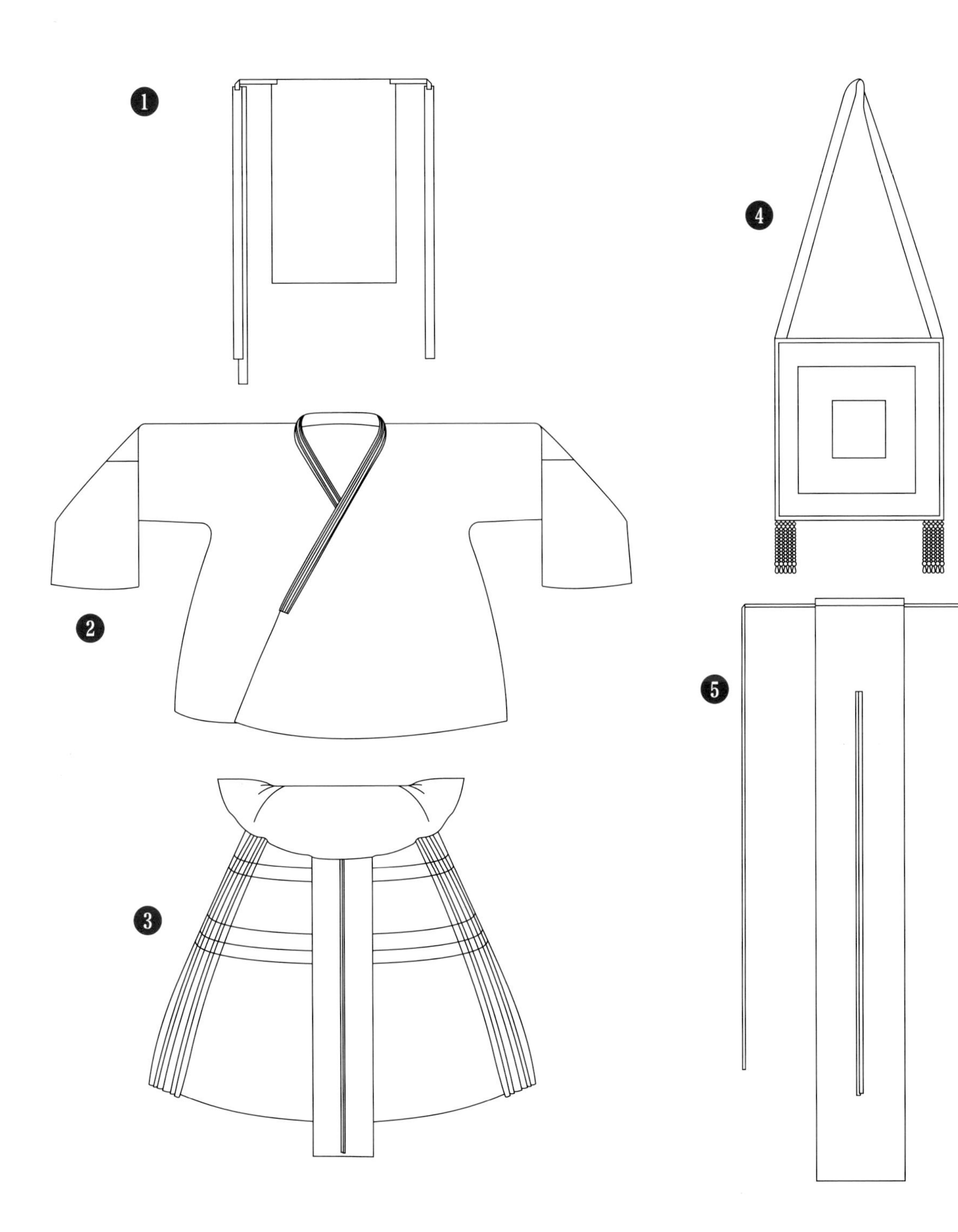

1 头饰
2 上衣
3 裙子
4 包
5 围腰

【偏苗·头饰】

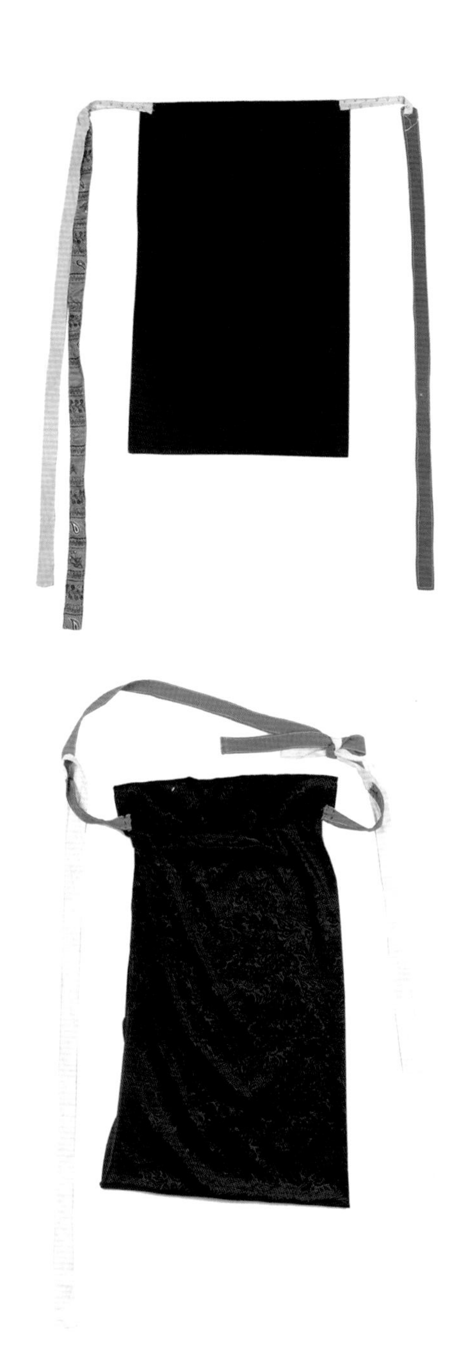

未婚女子一般留刘海，梳长辫子盘绕头上，逢赶圩、走亲戚和过节时用四至九条有吊穗的机织花毛巾折叠平放于头顶，让吊穗自然垂于颈后。已婚妇女将头发往左或右耳际挽成发髻，插上一把精致的木梳，然后用多块宽约30厘米、长约45厘米的长方形黑布（多用灯芯绒布）叠成3厘米的布叠，再在每条布块顶角两边缝接两条白布绑带，交叉折叠成1厘米厚的绑带条，将黑布叠块绑成一圈，使布叠形成半圆状扣与头上，与未婚妇女形成鲜明的对比。

【偏苗·上衣】

粗布

平绒

偏苗上衣为大襟短上衣，长度仅到腰间，圆领，分前后两部分，两侧开衩到腋下，衣身为素色，无刺绣花纹，穿着时右侧开襟，不设纽扣，在左襟缘和右腋下各设一条细带，胸襟露出内衣，呈长三角形，半开半掩，襟缘及袖口用彩色花边绲压。

【偏苗·裙子】

正面

偏苗所着褶裙由上裙布、中裙布、下裙布三部分制成。上裙布用宽约 20 厘米的蜡染花纹布块，图案形似连绵不断的山峰；中裙布用宽约 20 厘米的多色丝线绣成的花草布块；在上裙布与中裙布间镶一条宽约 3 厘米的刺绣布条；下裙布是一块宽约 30 厘米的蓝黑布，上面绲压两道红、白彩线，意喻奔流的江河。

背面

纹样

【偏苗·围腰】

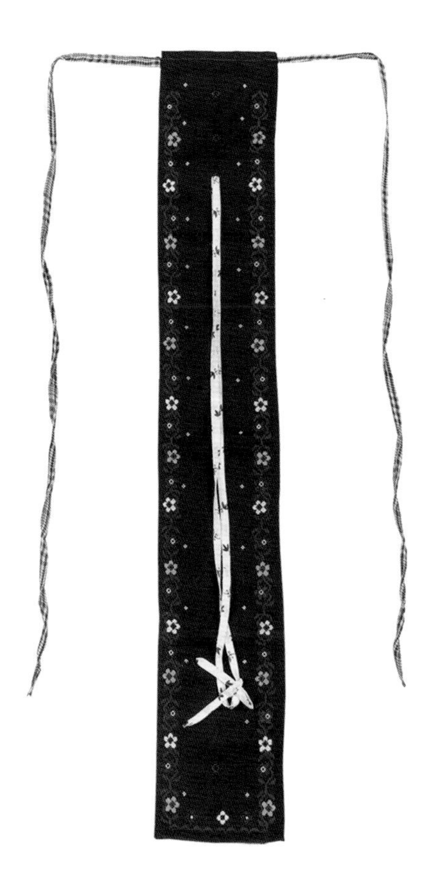

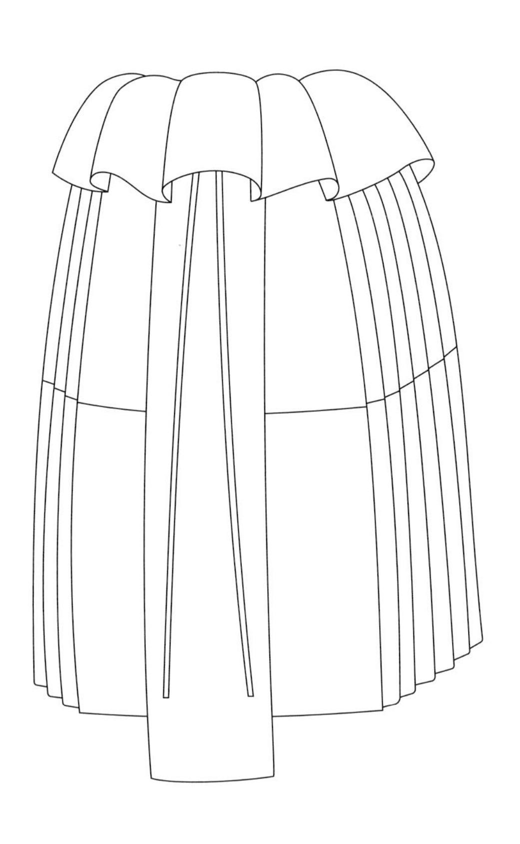

偏苗一般在百褶裙的前面系一条宽约15厘米的围腰，平行下垂两条细彩带，非常随意地搭在前面，不系腰带，不束腰，体态宽松粗犷。

【偏苗·包】

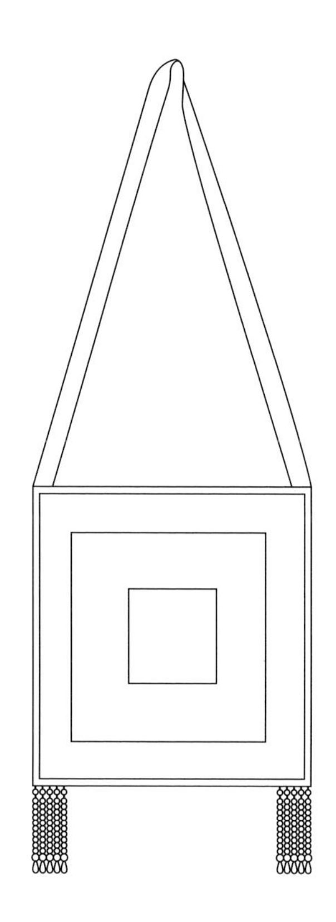

偏苗妇女挎的小包使用蜡染工艺，纹样为苗族典型的涡旋纹，下方坠有串珠流苏。

白苗

隆林白苗服饰

隆林白苗服饰

隆林白苗服饰

隆林白苗服饰

隆林白苗服饰

白苗

白苗自称孟娄，白苗苗语叫“Hmoob Dawb”，有“白色”的意思。因其妇女穿着自制的白色百褶裙，不染色不绣花而得名。白苗支系的人口主要分布在蛇场乡的高山、新寨两村，杂居在克长、隆或等乡镇。

白苗裙子为隆林苗族六个支系中最短的，长度不超过膝盖，衣裙之间用腰带系束，平时束四五条腰带，节庆婚礼时束十多条不等，再系一条约17 ~ 20厘米宽的围腰，垂近脚面。上衣短，对襟开，不用纽扣，多用青蓝色（现用多种颜色），向后翻领，且上有绣花，两袖绣有两道花纹。把头发绾髻于额顶打成结，传统装束是头戴高帕，即用头帕盘旋缠绕垒成螺旋状，现大多是头包一条绣花巾，小腿缠绕黑色绑腿。

白苗服饰

头饰 | 上衣 | 围腰 | 裙子 | 绑腿

1
2
3
4
5

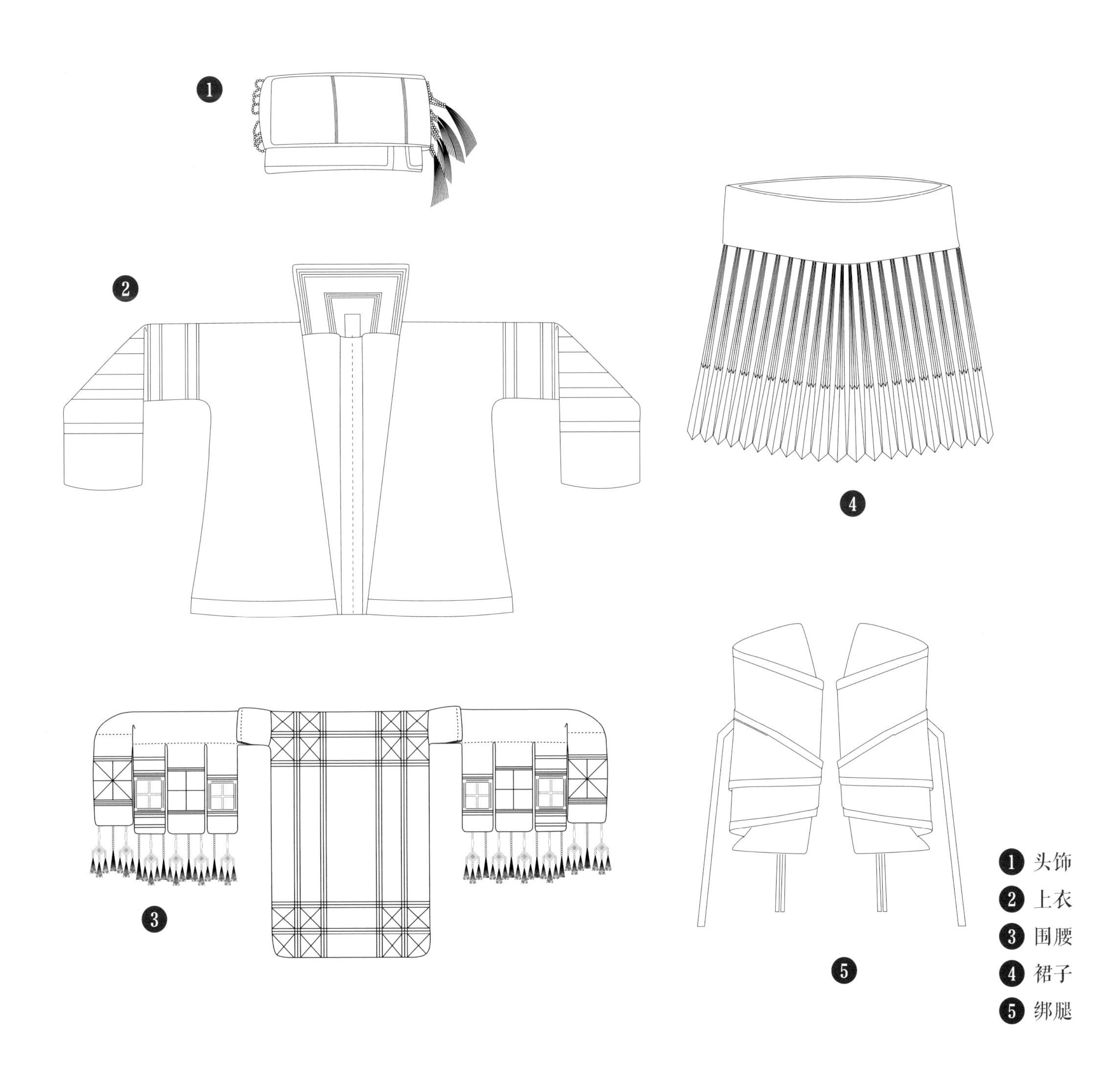

1
2
3
4
5
1 头饰
2 上衣
3 围腰
4 裙子
5 绑腿

【白苗·头饰】

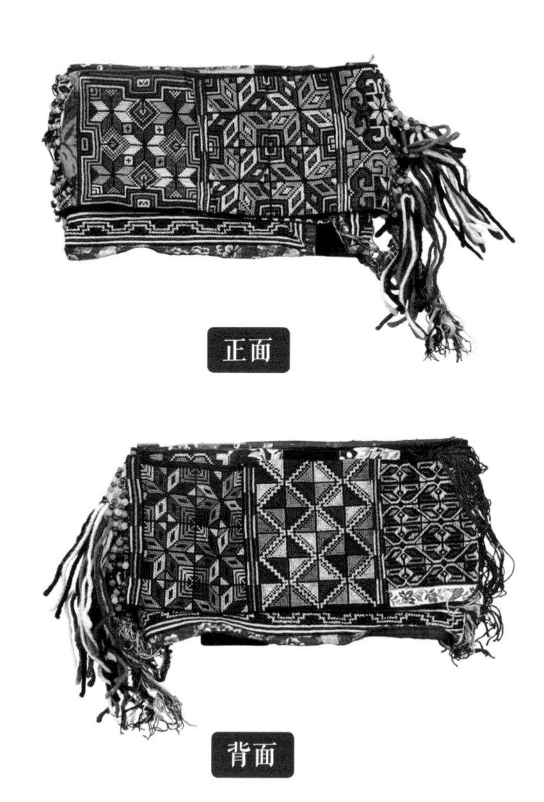

正面

背面

纹样

白苗头饰平时盘发于头顶，盛装时则包一条或两条头巾，裹成筒形，在脑后系紧，头巾上饰满各色菱形花纹。

【白苗·上衣】

白苗上衣较短，为无领对襟结构，不用纽扣，服饰的颜色多为青蓝色（现在有各种颜色），上衣襟边镶宽 4 ~ 5 厘米的挑花带或花布，形似翻领，衣领后有挑花刺绣。衣袖采用有色布并以刺绣装饰，过去则一般采用白色麻布料且无装饰。两袖各绣两道花纹。腰部通常用腰带系束。

【白苗·围腰】

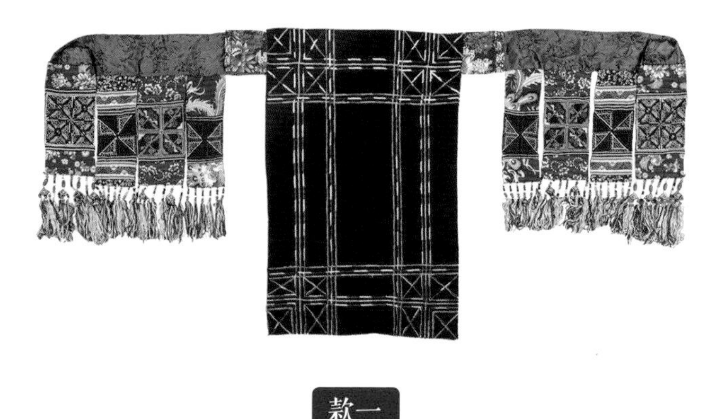

款一

款一纹样

白苗衣裙之间用腰带系束，平时束四五条腰带，节庆婚礼时束十多条不等，再系一条约 17 ~ 20 厘米宽的围腰，长度接近脚面。围腰用黑布作底，面上绣有红、白、绿等颜色的条形花纹。

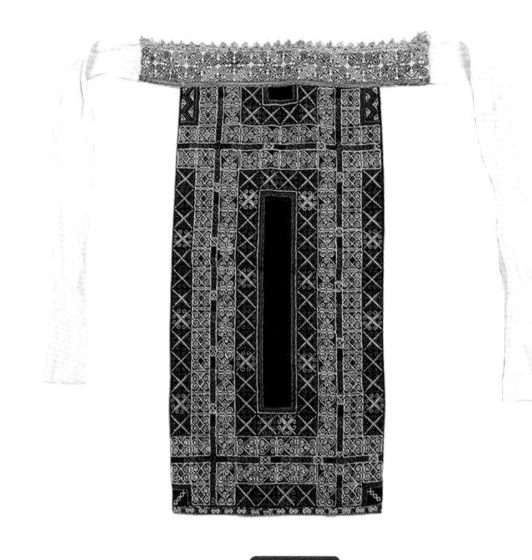

款二

款二纹样

【白苗·裙子】

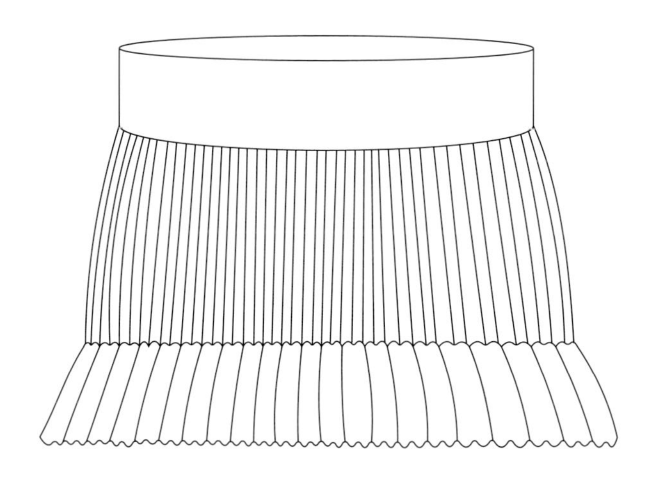

白苗妇女的裙子是隆林苗族六个支系中最短的，长度不超过膝盖，用纯白麻布制成。裙子分为上下两节，上节为纯白布，下节为纯白色百褶裙。

【白苗·绑腿】

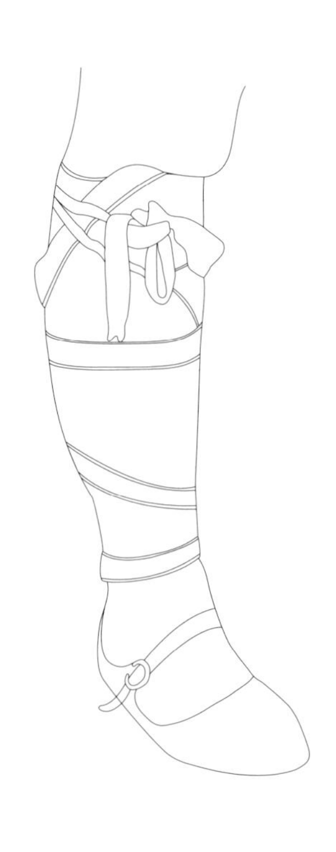

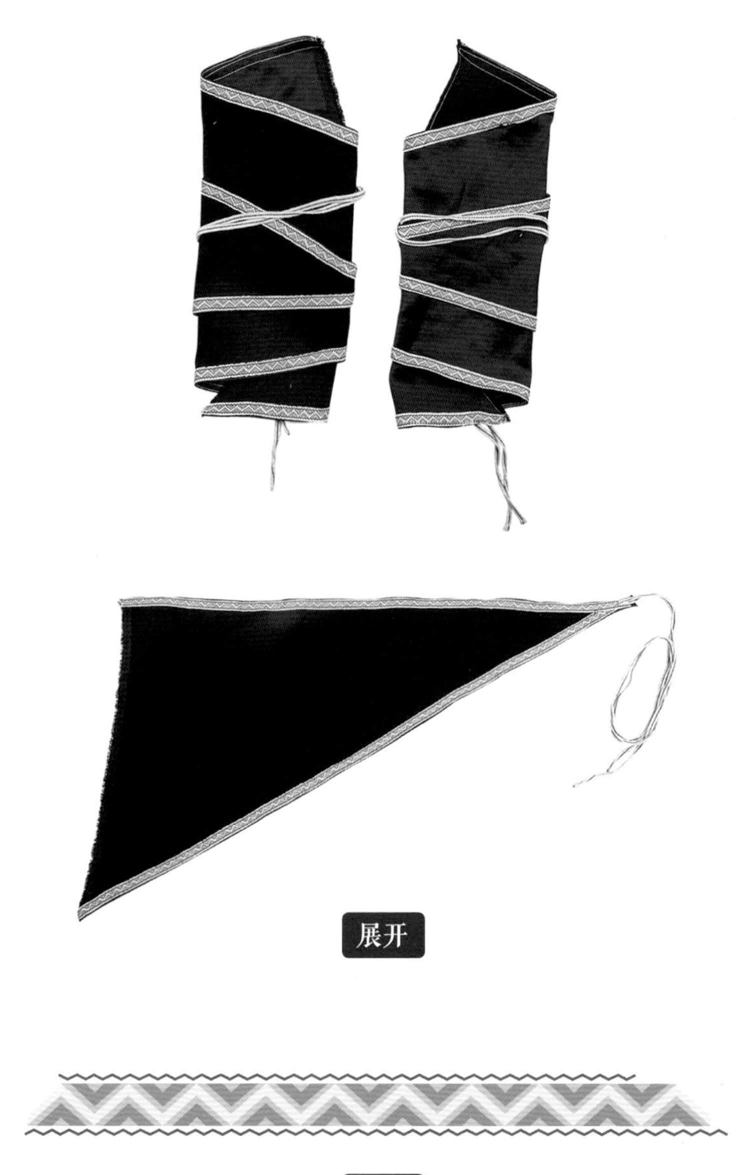

展开

纹样

白苗便装用黑布缠成绑腿，盛装多用彩色满绣的绑腿。绑腿为三角形，底端有彩色绣边，在腿部缠绕后产生一圈圈的彩色纹路。

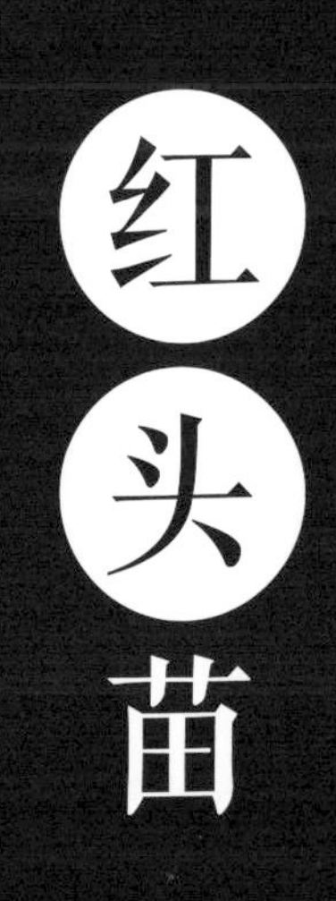
红
头
苗

隆林红头苗服饰

隆林红头苗服饰

隆林红头苗服饰

隆林红头苗服饰

隆林红头苗服饰

红头苗简介

红头苗自称孟伦。缘于该支系男子的头帕多用红线、丝须镶嵌，妇女衣裙喜用红色的线、布点缀而得名。红头苗苗语叫“Hmoob Leeg”，没有“红”的意思。红头苗支系的人口主要分布在德峨、常么、金钟山、桠杈、隆或等乡镇。

红头苗女装，是隆林各族自治县苗族各支系中红色最为突出的服装。盛装时如山茶花开放，绚丽异常。红头苗在服饰方面以红黄线装点，形成了独特的红苗文化。

红头苗妇女着装为上衣下裙，百褶裙一般由三节缝成：上节是粗布，约 10 ~ 13 厘米宽，中节是蜡染麻布，约 27 ~ 33 厘米宽，下节是用毛绒彩线绣成的花边，约 13 厘米宽，裙长到膝盖。腰部用长黑布带缠绕，留出带尾和裙脚一样长垂吊在臀部，行走时吊下的尾巾自然摆动。衣服用蓝、灰、白等各色布，无纽扣，略露胸上部，后领绣有一块正方形凸出的厚布衣领。衣袖均绣有二至三道花边，正面开襟。头带包帕，绣花边。

红头苗服饰

头饰 | 上衣 | 裙子 | 围腰

2
1
3
4

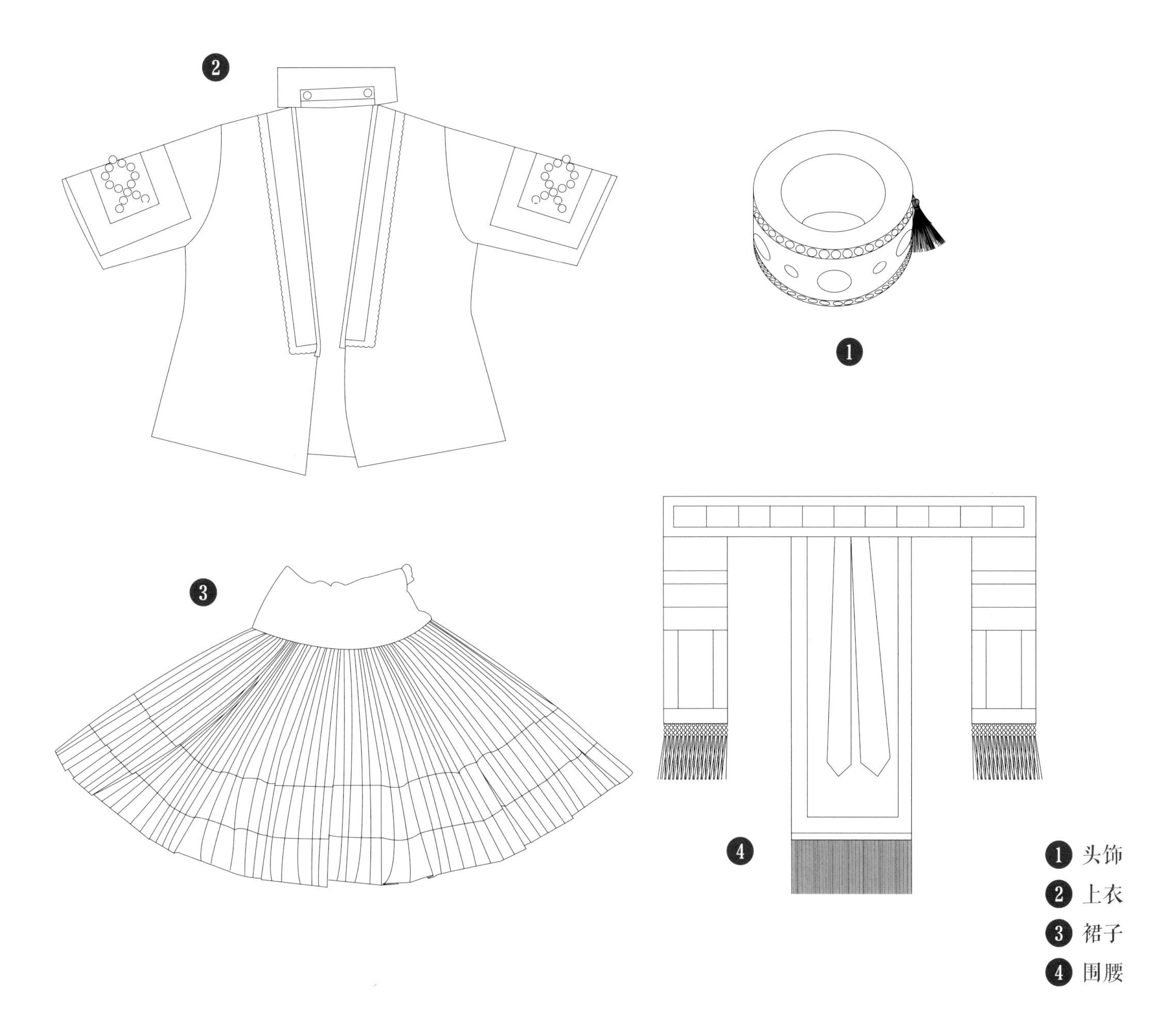
❶ 头饰
❷ 上衣
❸ 裙子
❹ 围腰

【红头苗·头饰】

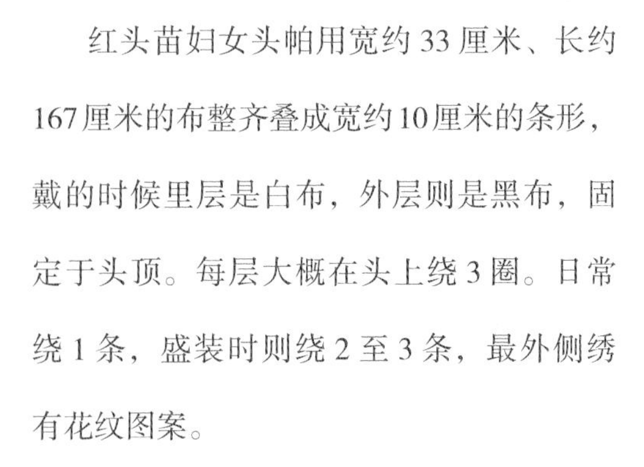

红头苗妇女头帕用宽约 33 厘米、长约 167 厘米的布整齐叠成宽约 10 厘米的条形，戴的时候里层是白布，外层则是黑布，固定于头顶。每层大概在头上绕 3 圈。日常绕 1 条，盛装时则绕 2 至 3 条，最外侧绣有花纹图案。

【红头苗·上衣】

纹样

红头苗上衣为对襟里外套衣，外衣面料为靛染蓝黑麻布或现代机织各色布，后领为绣有1块正方形凸出的厚布衣领，衣领缘边绣有3条彩色图案，衣袖宽短，衣袖上贴有一块用红黄色布色线绣成的“袖章”，“袖章”中心用“打籽绣”工艺绣上立体感很强的特别纹样。里衣为白色长袖，衣袖外露部分外绣精美的花纹，与外衣的短袖形成套袖、姊妹袖。

【红头苗·裙子】

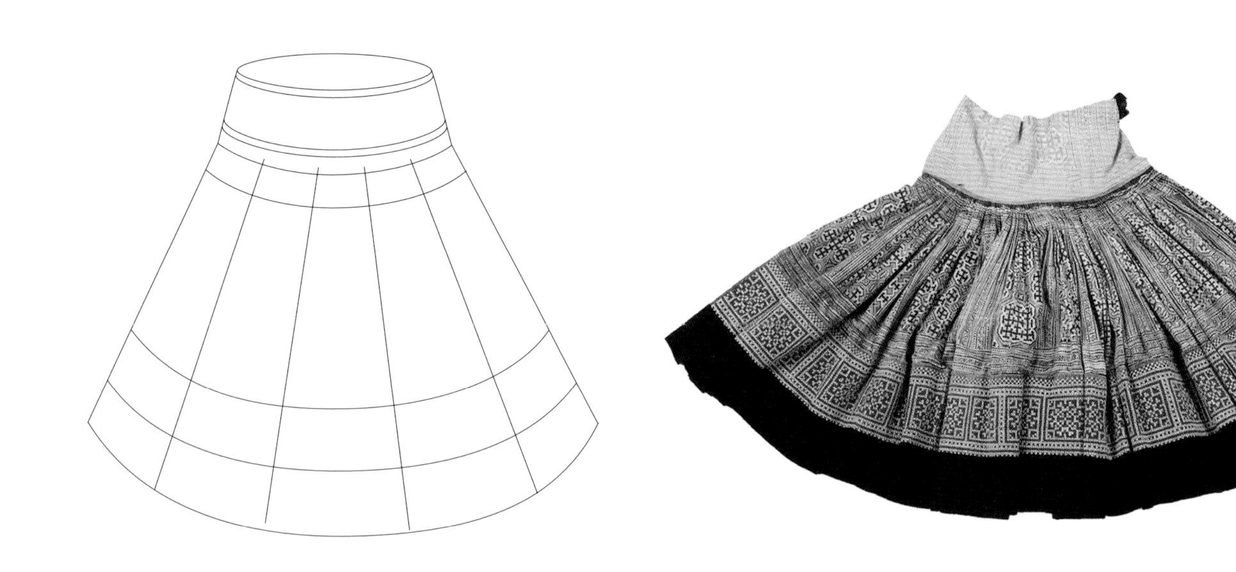

红头苗裙子除裙头外分为3节，上节蜡染，中间节挑花，下节（裙沿）黑布，3节缝合后呈百褶。

纹样

【红头苗·围腰】

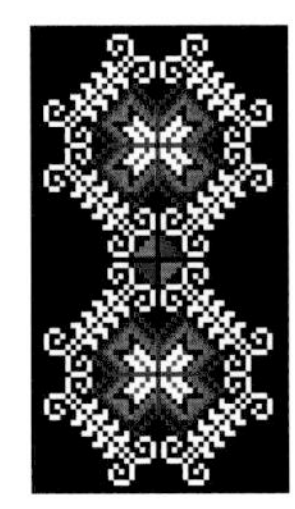

纹样

红头苗围腰是穿好衣服、裙子，束好腰带，最后束在腰间最外的一块比裙子长17～20厘米、宽33厘米的精美绣片，下方坠有流苏。

青苗

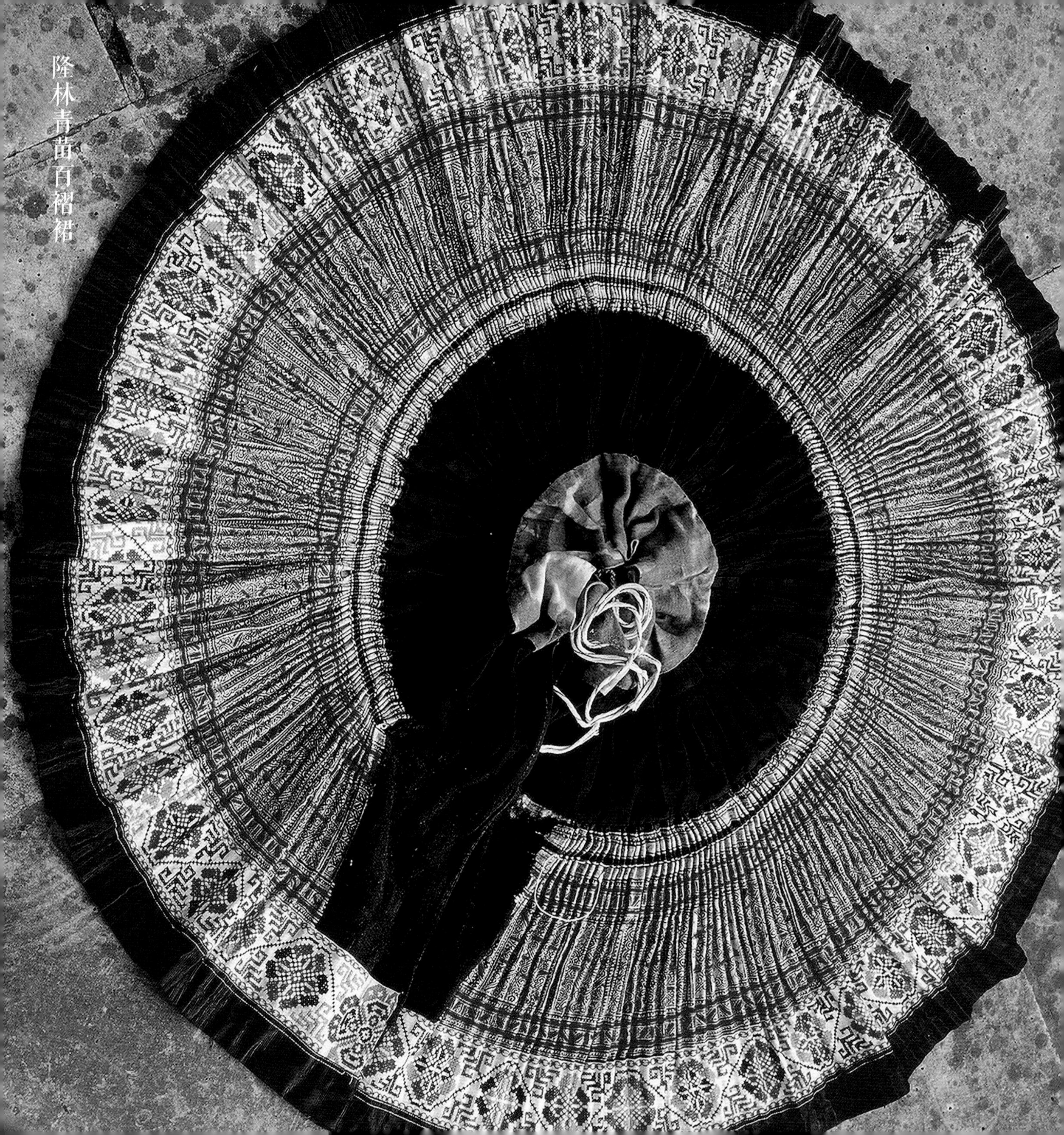

隆林青苗百褶裙

隆林青苗服饰

隆林青苗服饰

隆林青苗服饰

隆林青苗服饰

青苗

青苗曾称“清水苗”，自称孟布，青苗苗语叫“Hmoob Pwg”。因该支系种植青麻作为纺纱织布的原料，与其他支系种植火麻做原料有别，且该支系妇女多选择青色布料制作上衣而得名。青苗支系人口主要分布在革步、猪场两乡，杂居在新州、扁牙等乡镇。

青苗妇女服饰是上衣下裙，上衣天蓝色、红色等，右侧开扣，衣领周围绣有三条彩色图案，袖短，盖过手肘约10厘米，衣袖绣有八条不同颜色的花纹，袖口设有一小幅花边。裙子是青布蜡染花裙，长至小腿肚，分为上、下两节，上节约17～20厘米长，布纯白；下节约40厘米长，蜡绘的花裙，线绣花边。腰间用一两条宽约17厘米，长2米左右的黑腰带扎紧。头发短少者添假发并绾成螺壳形，用银钗纤髻，头戴黑帕，每条167厘米长，把它折叠成3厘米宽缠绕在头上。平时绕一条，逢喜事或走亲戚时则绕两三条，缠绕成草帽式的螺旋状。用一根宽2厘米，长约670厘米的白布带作绑带，裹小腿至膝。

青苗服饰

头饰 | 上衣 | 裙子 | 围裙 | 绑腿

❶
❷
❸
❹
❺

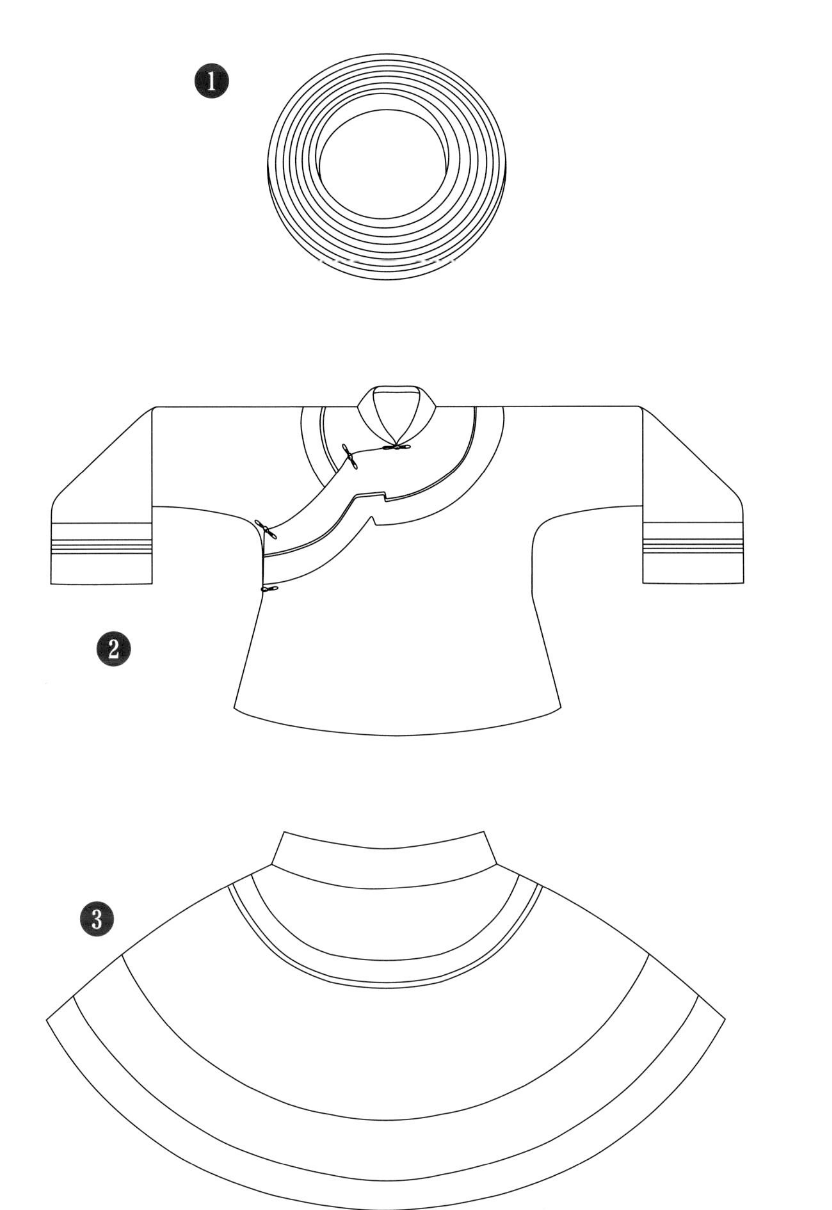

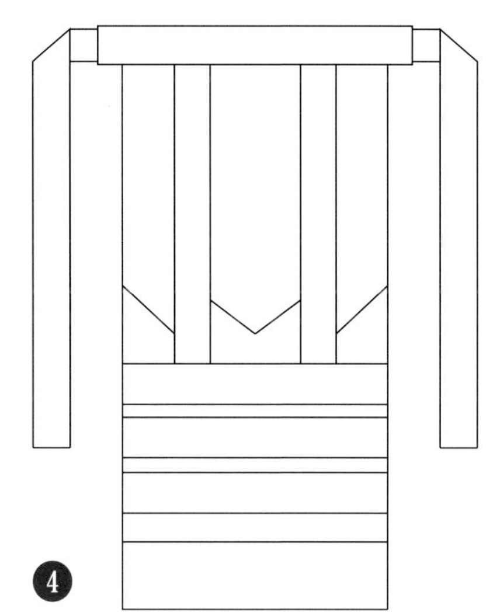

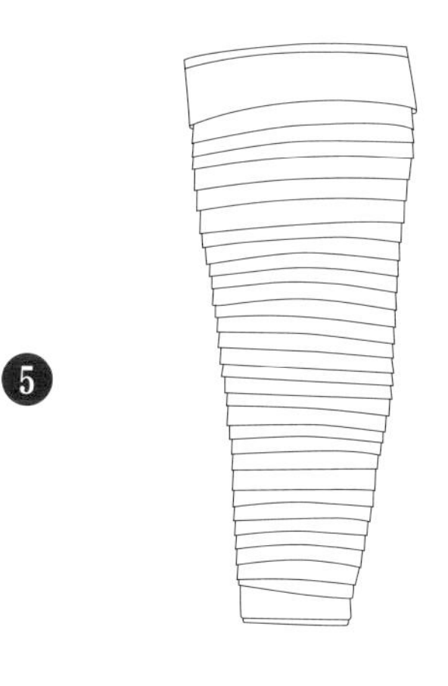

❶ 头饰
❷ 上衣
❸ 裙子
❹ 围腰
❺ 绑腿

【青苗·头饰】

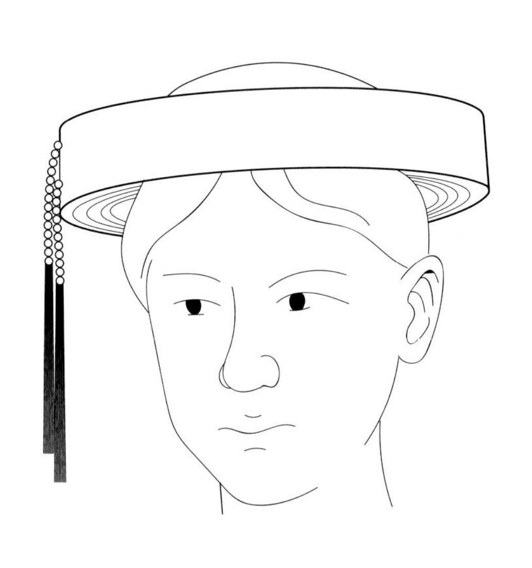

青苗头巾多是黑色，头发短少者添假发并绾成螺壳形，用银钗别在髻上，每条约167厘米长，把它折叠成约3厘米宽缠绕在头上。平时绕一条，逢喜事或走亲戚时则绕两三条，缠绕成草帽式的螺旋状。

纹样

【青苗·上衣】

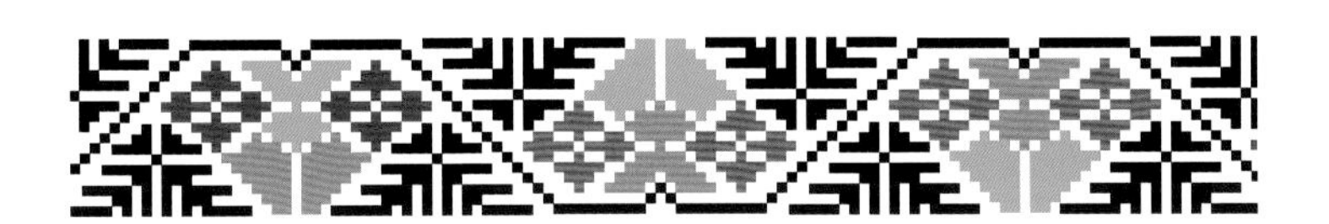

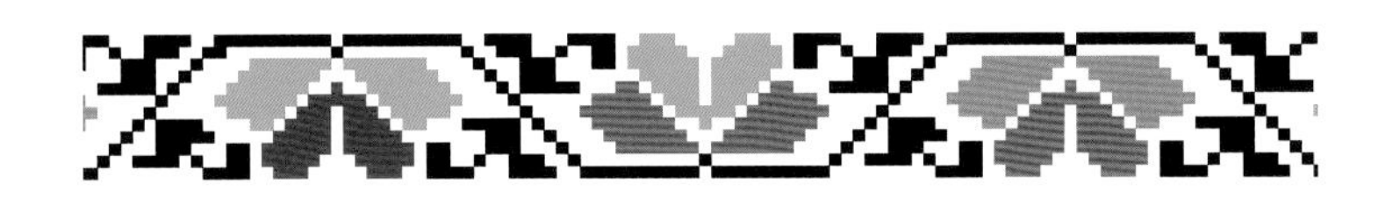

纹样

青苗上衣右衽，一般衣领周围绣有三条彩色图案，袖短，盖过臂肘约10厘米，衣袖口绣有若干条不同颜色的花纹。

【青苗·裙子】

青苗裙子是青布蜡染花裙，长至小腿肚，分为上下两节，色彩层次分明，上节约17～20厘米长；下节约40厘米长，蜡绘的花裙，线绣花边。腰间用一两条宽约17厘米，长约200厘米的黑腰带扎紧，也可以腰扎长齐小腿肚的挑花围腰代替腰带。

纹样

【青苗·围腰】

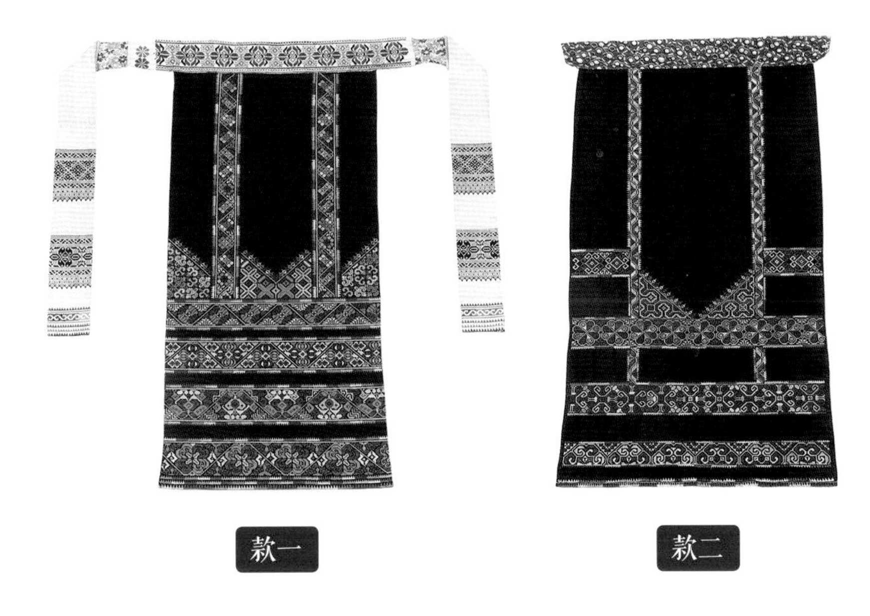

款一　　款二

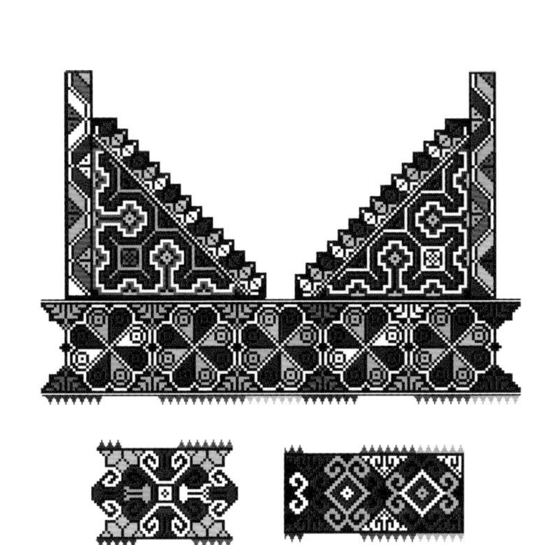

款二纹样

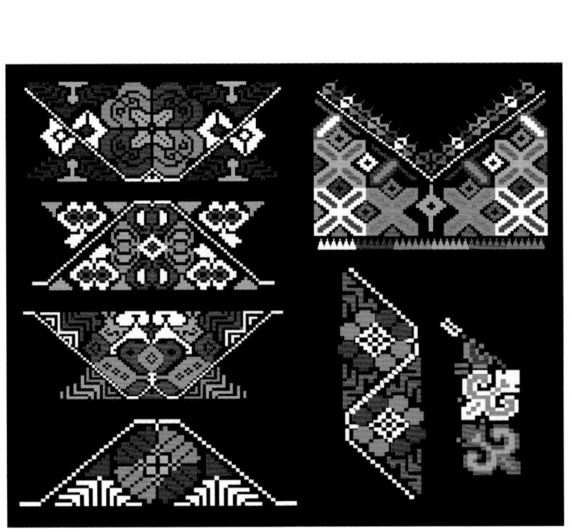

款一纹样

青苗围腰以黑色为底，围腰两端是约50厘米的织锦，围腰前面采用十字绣，绣有象征山河等的条状纹样。

【青苗·绑腿】

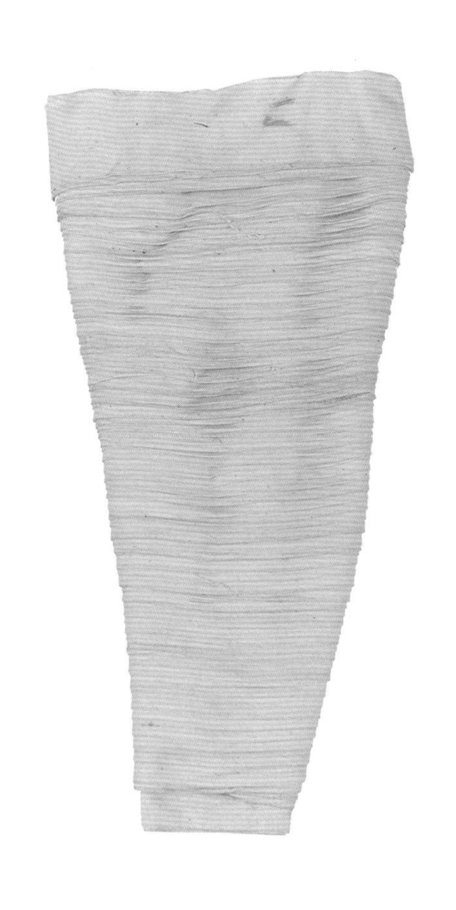

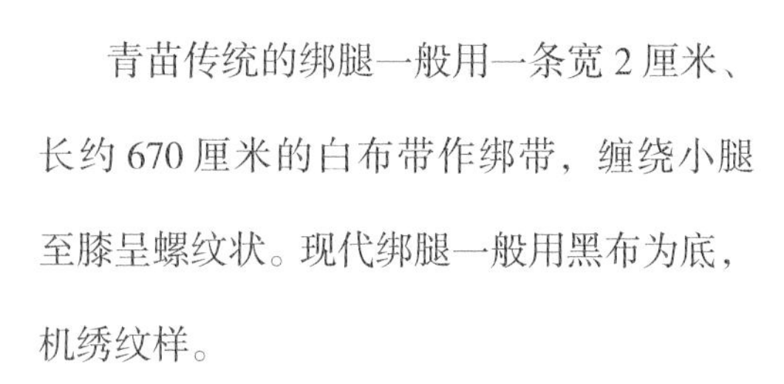

青苗传统的绑腿一般用一条宽2厘米、长约670厘米的白布带作绑带，缠绕小腿至膝呈螺纹状。现代绑腿一般用黑布为底，机绣纹样。

青苗儿童服饰

上衣 | 百褶裙 | 腰带 | 围腰 | 绑腿

隆林青苗儿童服饰

隆林青苗儿童服饰

1
2
3
4
5

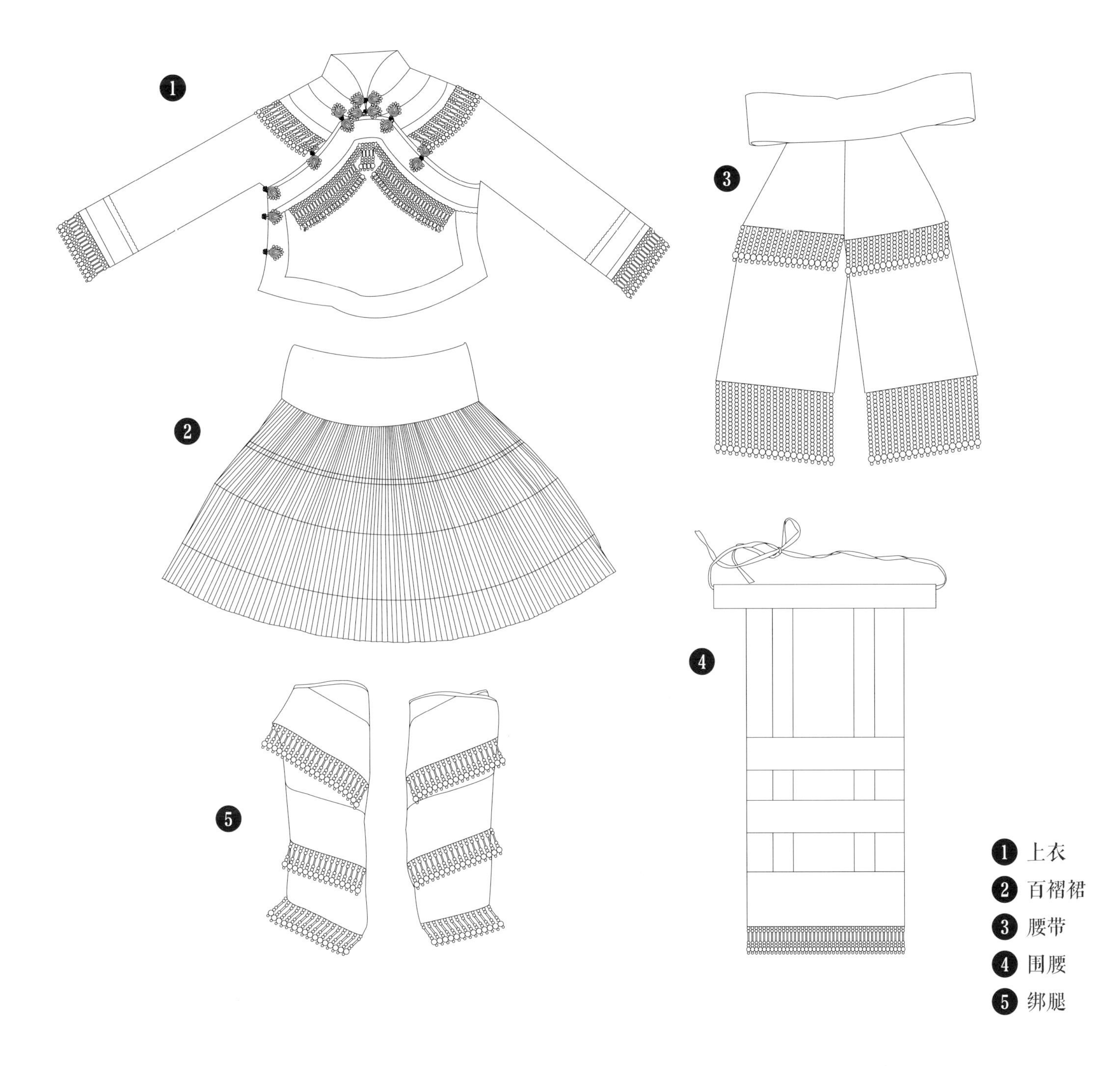
❶ 上衣
❷ 百褶裙
❸ 腰带
❹ 围腰
❺ 绑腿

【青苗儿童·上衣】

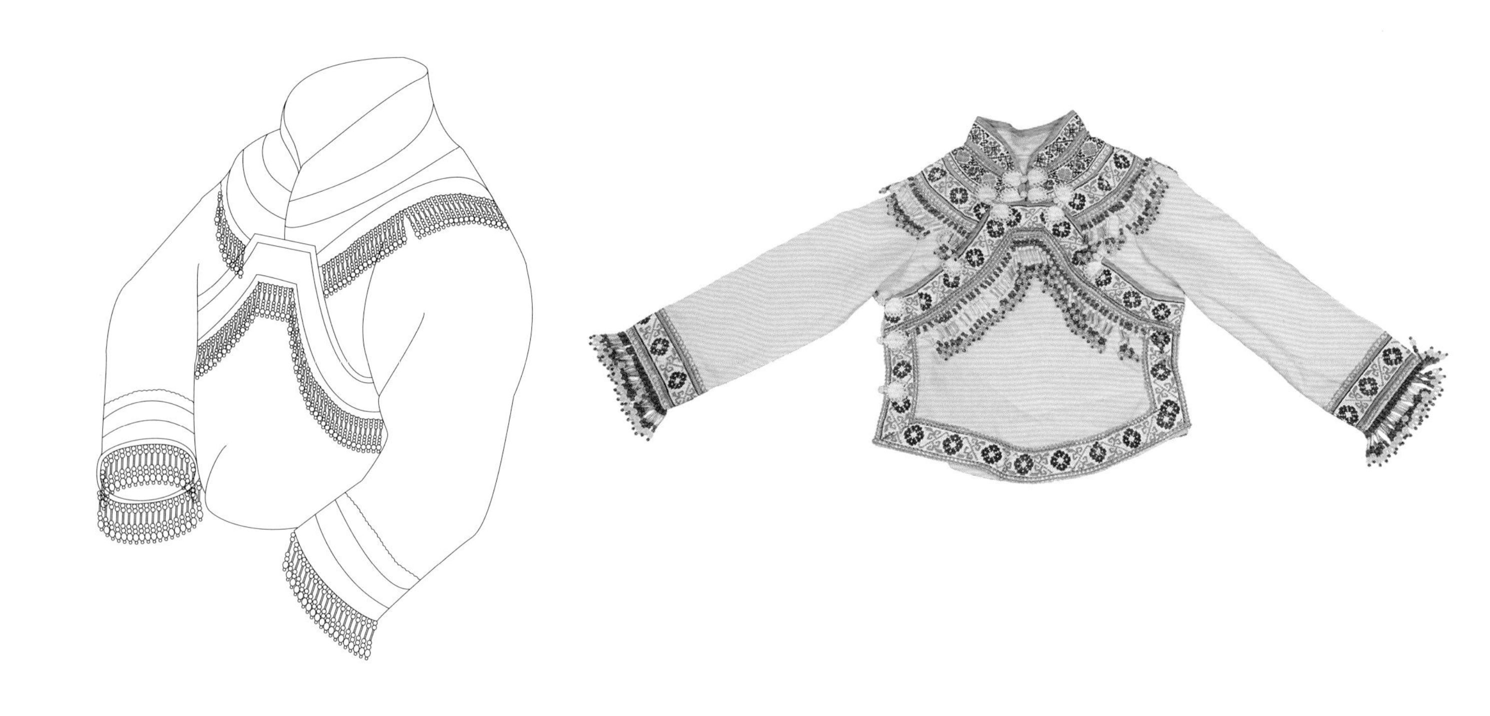

青苗儿童上衣以浅粉色为主，袖口与衣领处有大量串珠，同时在衣袖与衣领处绣有条状的花纹。

【青苗儿童·百褶裙】

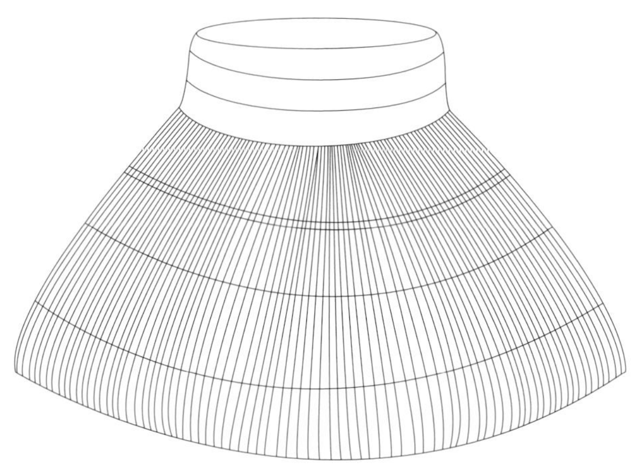

青苗儿童裙子与成人裙子款式差别不大，只是尺码偏小。都是青布蜡染花裙，分为上下两节，上节为纯白布；下节为蜡绘的花裙，线绣花边。

【青苗儿童·腰带】

纹样

青苗儿童腰带以黑布为底，两端绣有丰富的方形纹样图案，上下缝坠有串珠。

【青苗儿童·围腰】

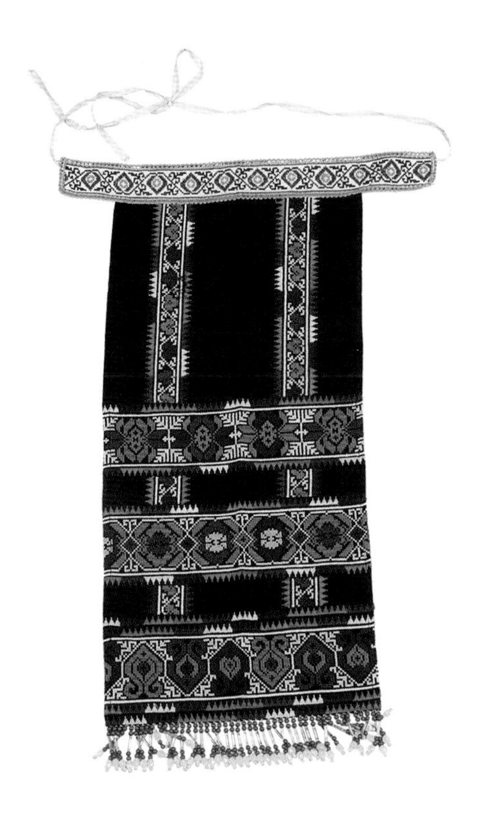

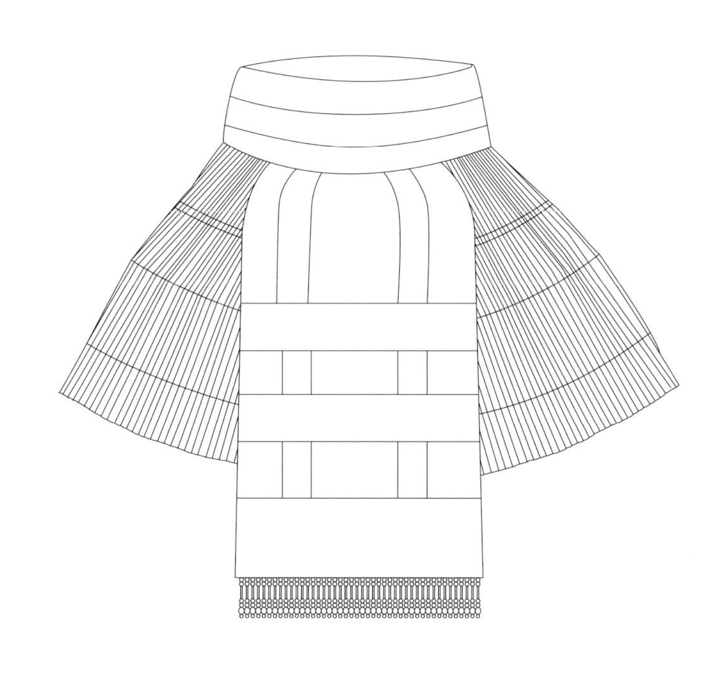

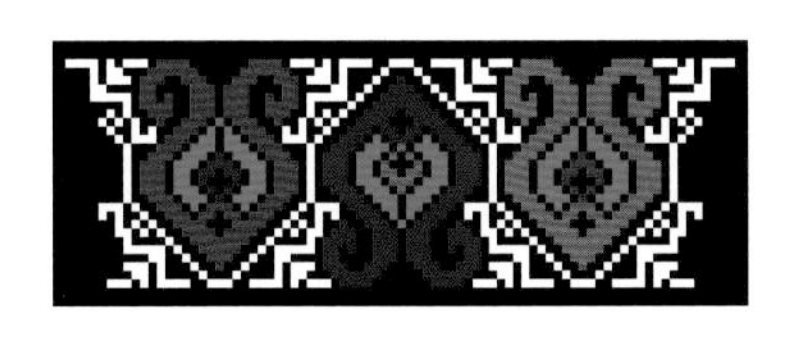

纹样

青苗儿童围腰形制同成人款，以黑色为底，现代进行了改良，尾部用两根绳子系紧在裙子上面，就穿戴好了。

【青苗儿童·绑腿】

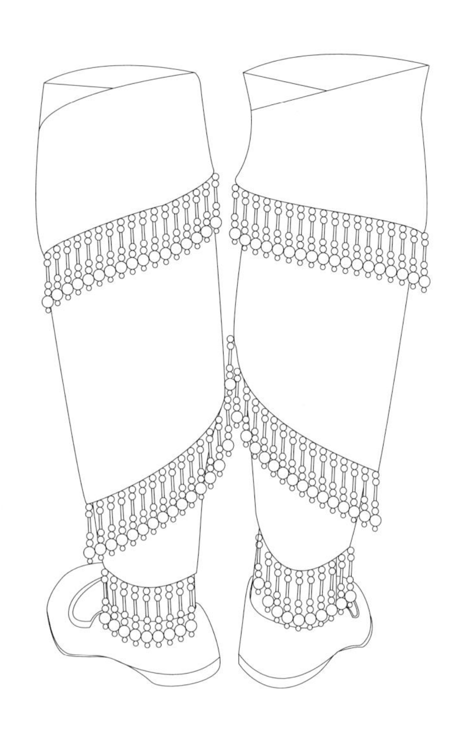

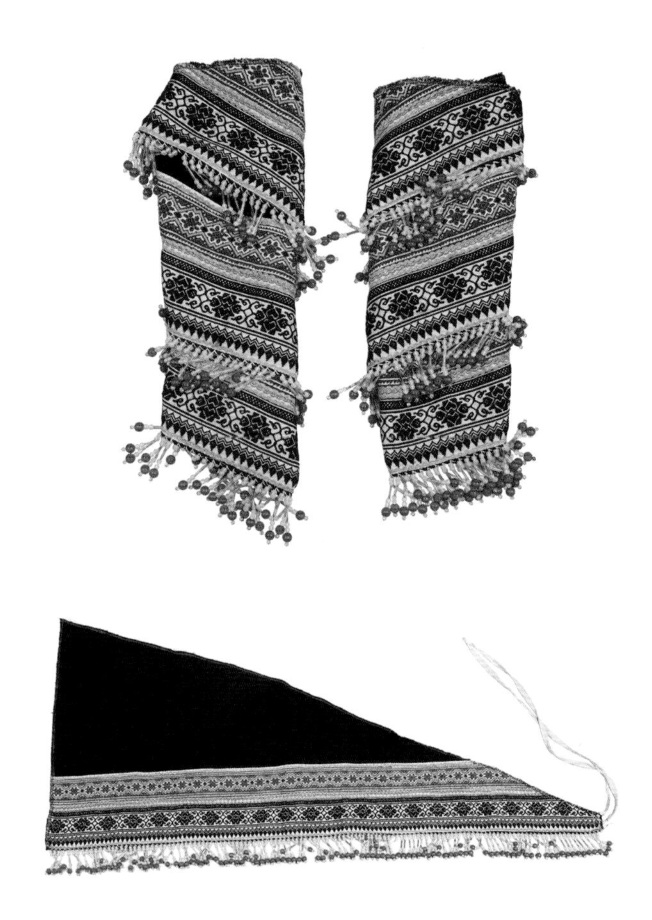

展开

青苗儿童绑腿较成人的更加丰富绚丽，用绣花布带作绑带，边缘坠有大量串珠，裹小腿至膝盖弯。

纹样

花苗

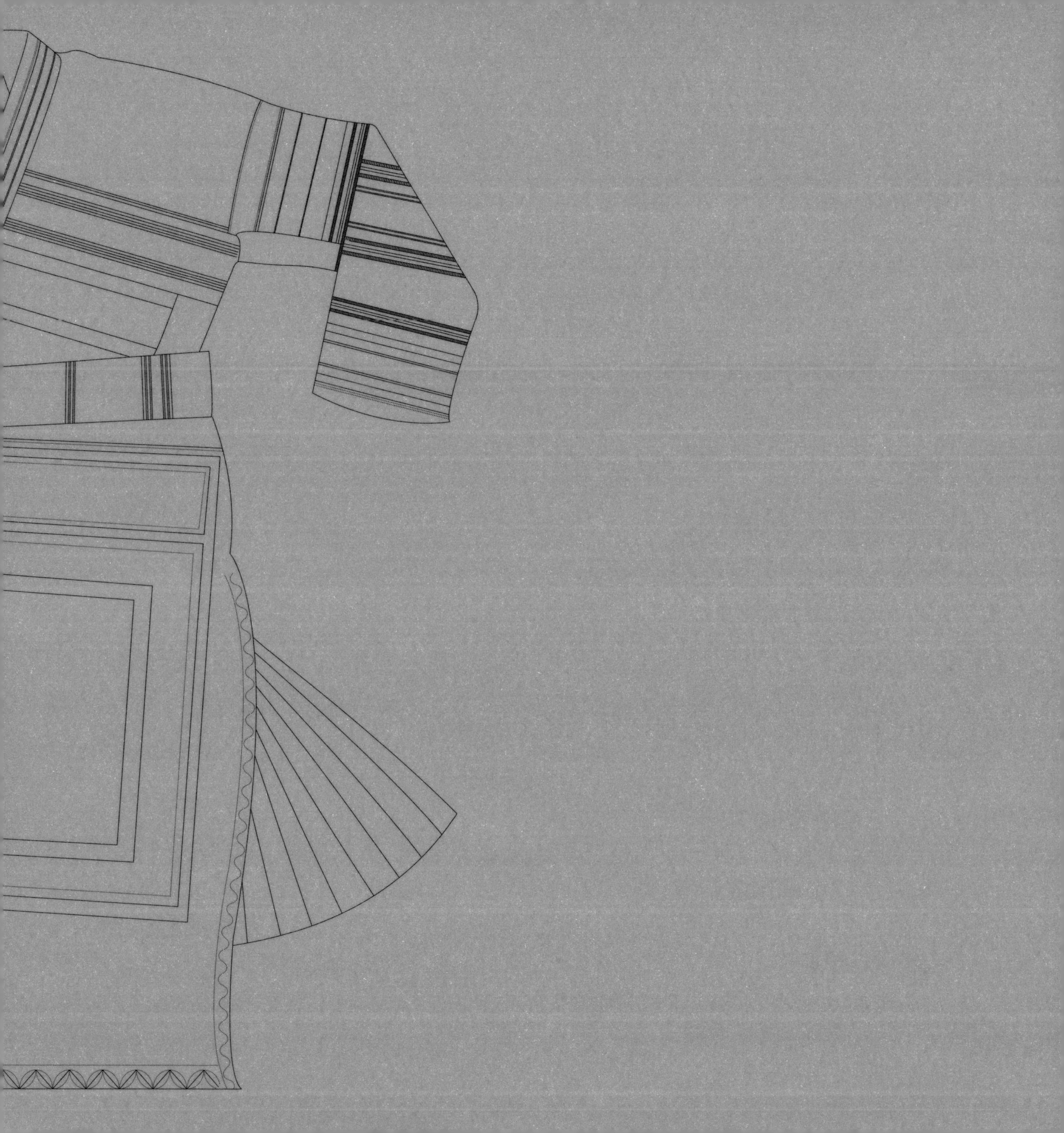

隆林花苗服饰

隆林花苗服饰

隆林花苗服饰

隆林花苗服饰

花苗简介

花苗自称孟邹，花苗苗语叫“Hmoob Ntxaug”，含有“花”的意思。因该支系妇女的上衣挑花刺绣较多、繁花似锦而得名。他们生息繁衍在桂、黔、滇相连的大山深处，深居大山幽谷之地，民居依山就势，就地取材，木屋为居，进而聚居为寨。山寨群山环绕，峰峦叠嶂，林木葱葱，寨子里屋舍交错，道路纵横，云雾飘渺，人杰地灵。花苗至今保留着纺织、刺绣、挑花等古老的手工技艺和山歌传唱的风俗。花苗支系主要居住在猪场、金钟山、革步等乡。

花苗女装上衣是长袖，呈中开襟，胸前、背后、两袖和袖口全部绣有多种彩色的花纹和图案。花苗女装都是用蜡绘和各色蚕丝线绣缝制成。蜡染花长裙时，多数将自织麻布用蓝靛染成浅蓝色，现作各种图案花纹，头饰盘成向周围延伸的髻，扎成蘑菇形。戴耳环，戴银项圈。

花苗服饰

头饰 | 上衣 | 裙子 | 围腰 | 腰带

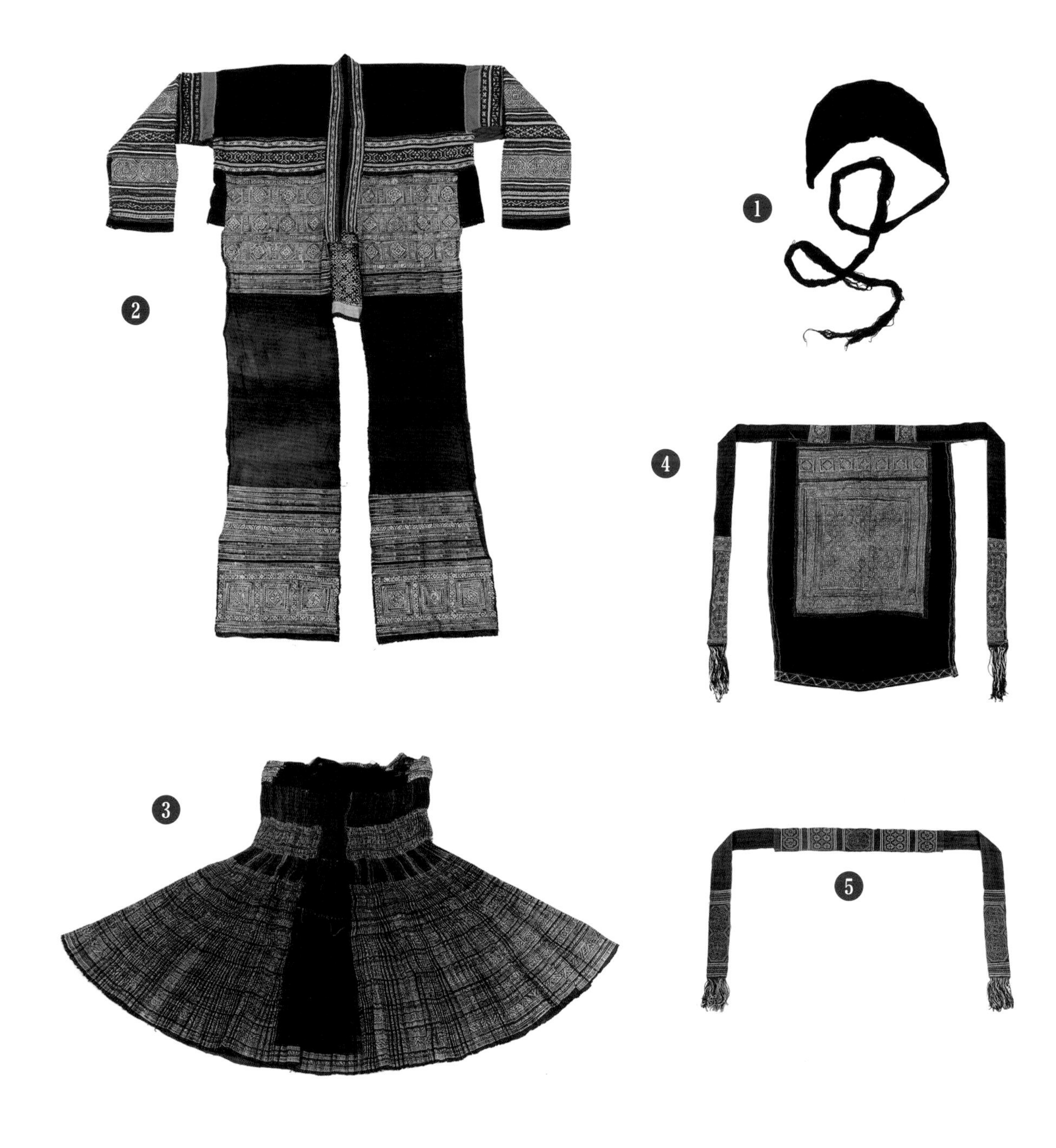
1
2
4
3
5

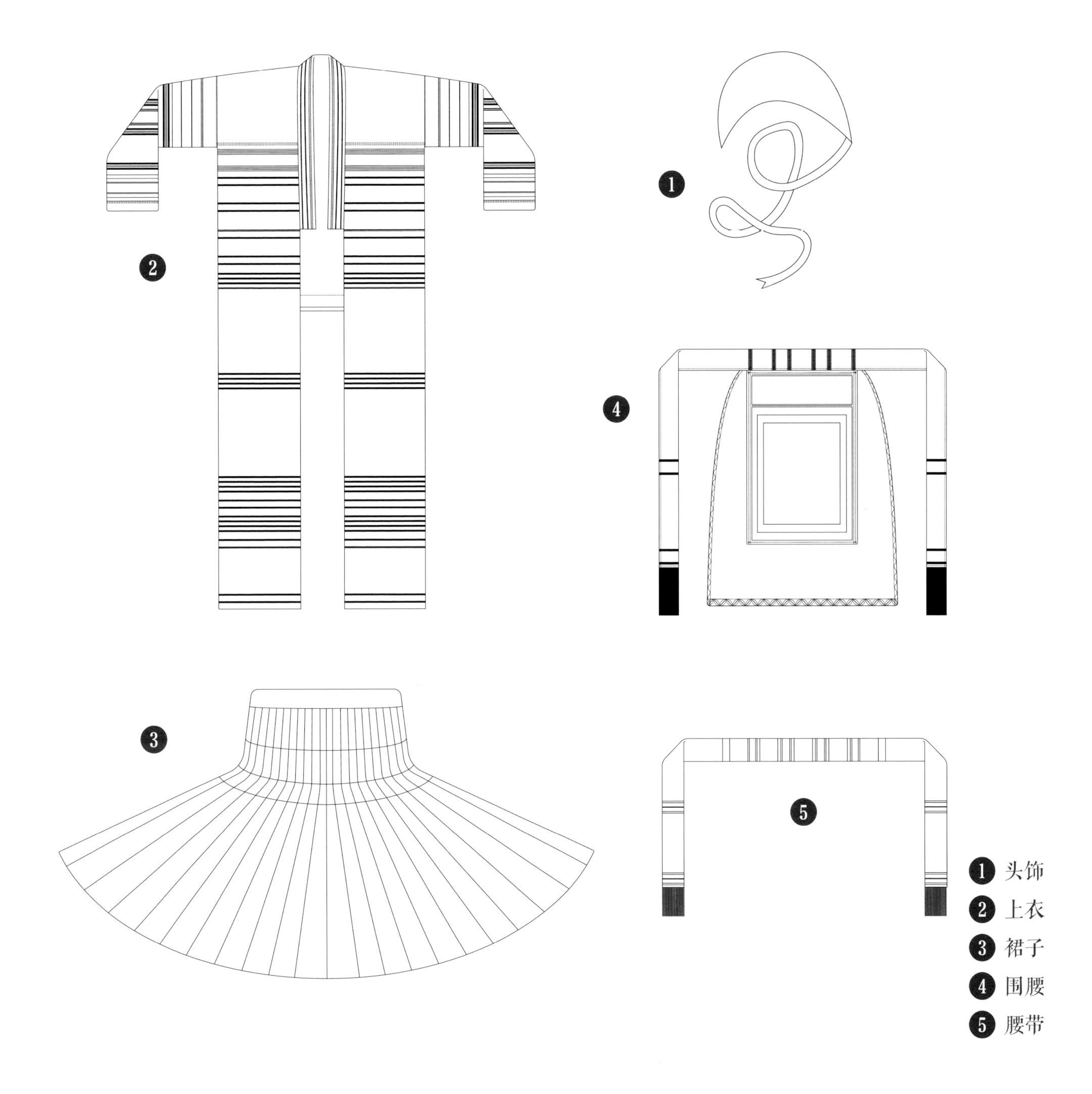
1 头饰
2 上衣
3 裙子
4 围腰
5 腰带

【花苗·头饰】

花苗的弯月发式独具特色，据说是祖先传承下来的标志，蓄发梳理时用黑布缝制成一弯月牙状立于前额顶处并绑好，再将垂至脸部的长发向后翻裹，形似一个无遮掩的高檐帽斜戴于头顶，最后用一块折叠的头帕把弯月牙紧紧裹在头上。

【花苗·上衣】

正面

背面

花苗上衣为中间开襟，胸前、背后、两袖和袖口都绣有各种彩色的图案。上衣下摆造型非常独特，前片比后片长，犹如两条长长的燕尾，穿着时两下摆在腰部交叉缠绕后呈倒梯形状，着装时可根据喜好或外露或藏于裙内。

【花苗·裙子】

花苗裙子为蜡染的褶皱长裙，多数将自织的麻布用蓝靛染成浅蓝色，蜡染出斑斓的花纹图案。

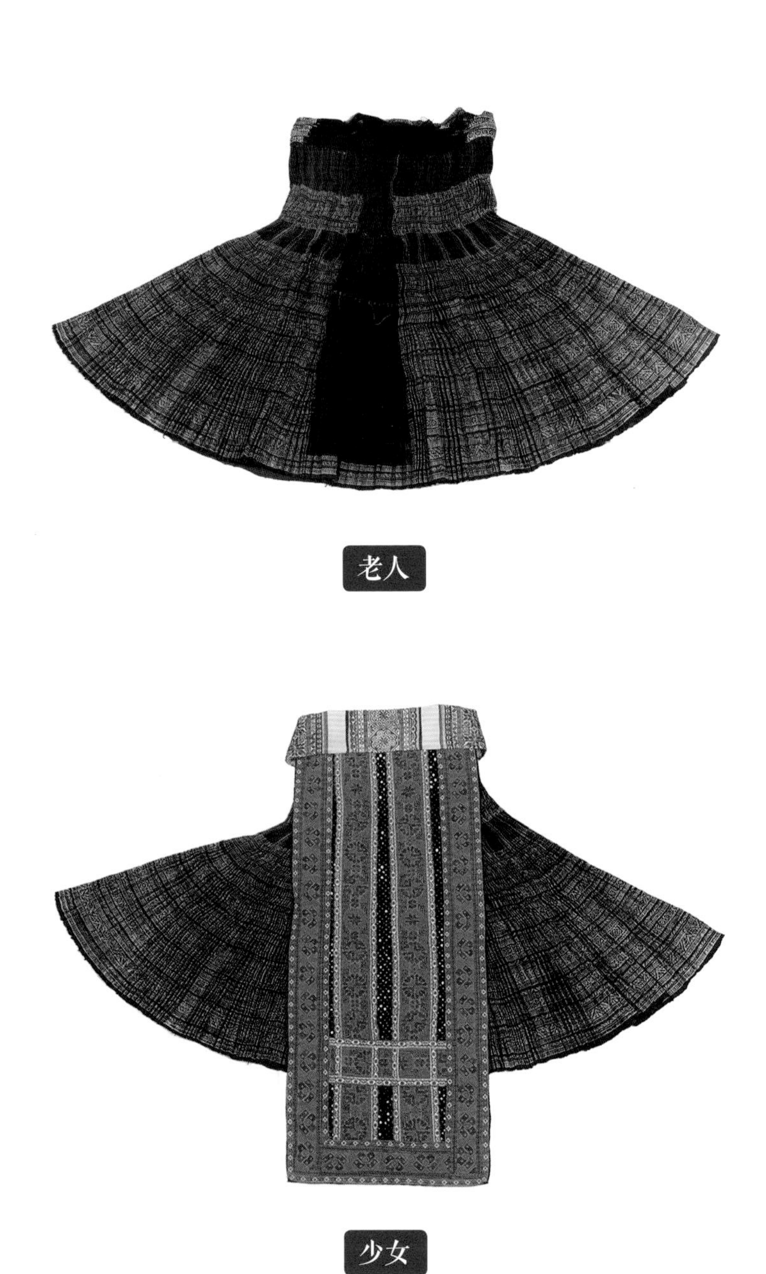

老人

少女

【花苗·围腰】

老人

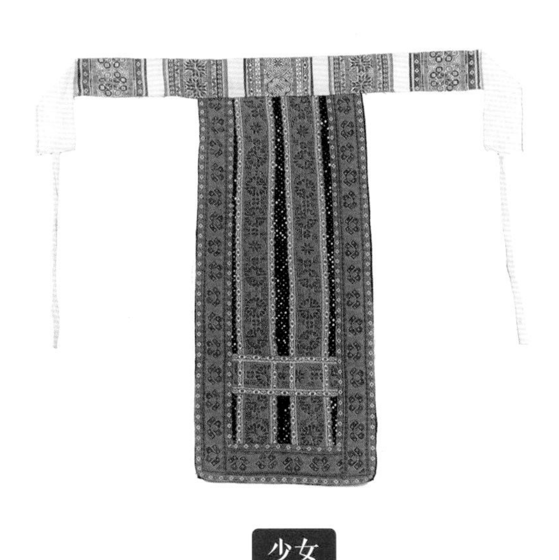

少女

纹样

花苗围腰分为前围腰和后围腰。前围腰比百褶裙长，后围腰是一块正方形，整块满是刺绣。围腰除可作装饰外还具有实用功能，可做一个小口袋，方便劳作时盛装小物件。

【花苗·腰带】

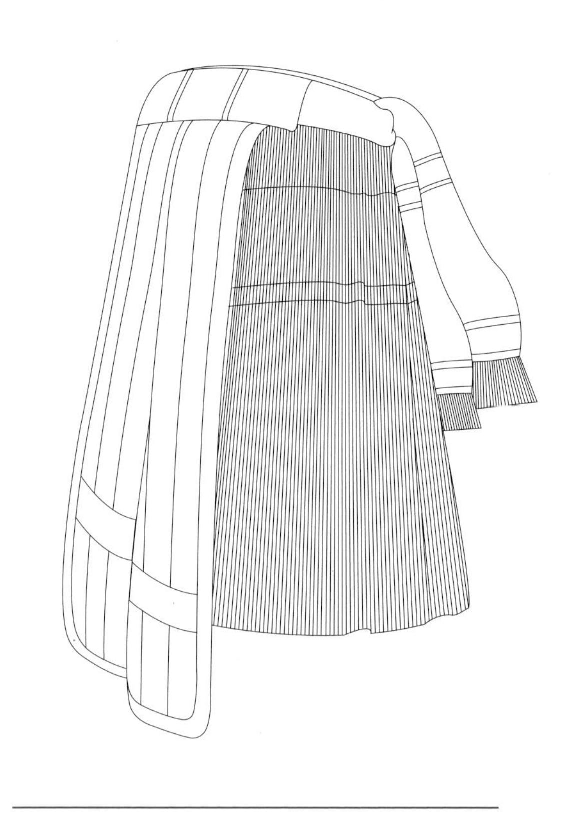

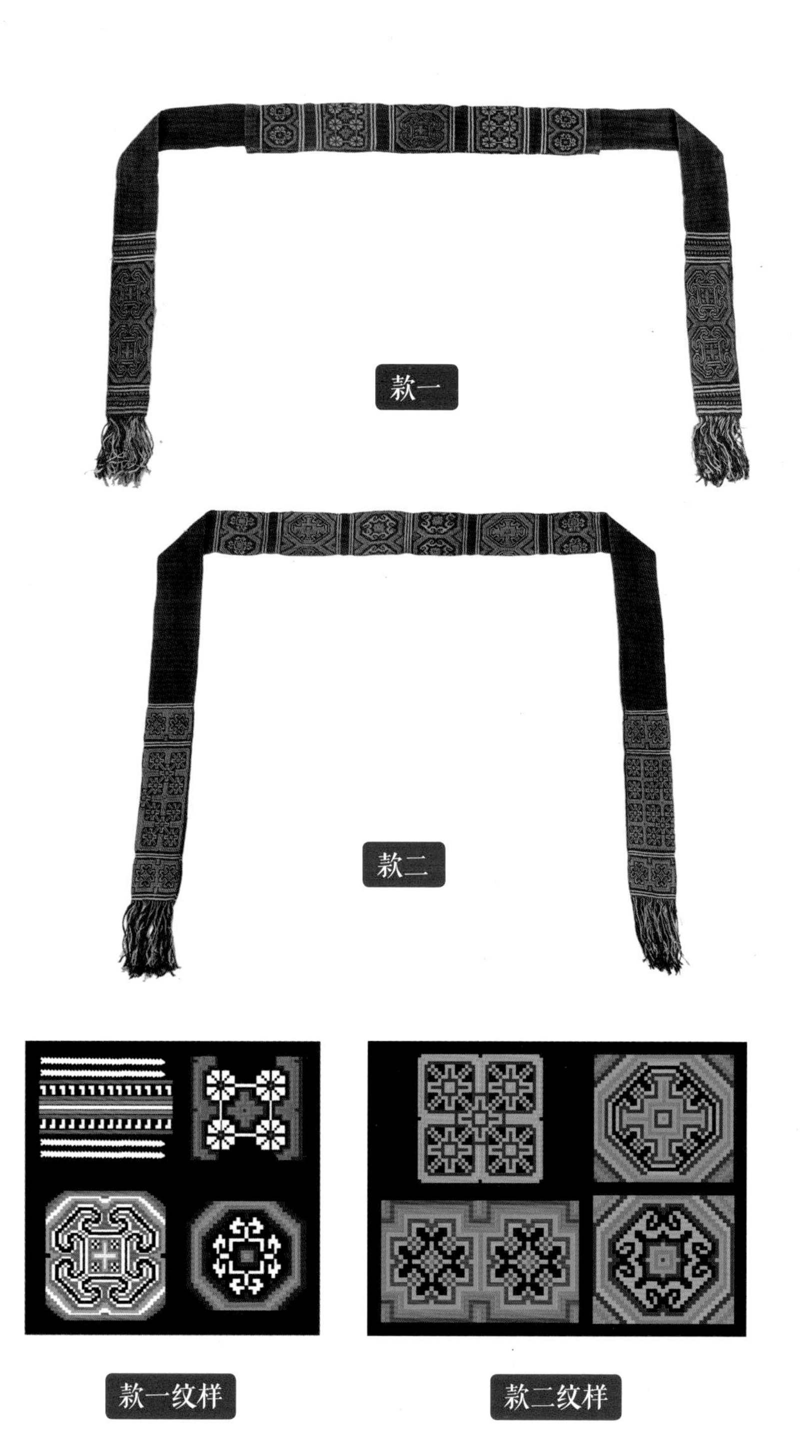

花苗腰带用有色麻织布做底，两层对折缝制而成，中间和两端均挑绣着彩色的十字绣花图案。腰带在围腰处可起到固定腰部衣物的作用，也用于掩盖百褶裙的绳带，起到装饰的作用。穿着时腰带中间有图案处位于腰中，两端绕至腰后打结，垂于腰后。

素
苗

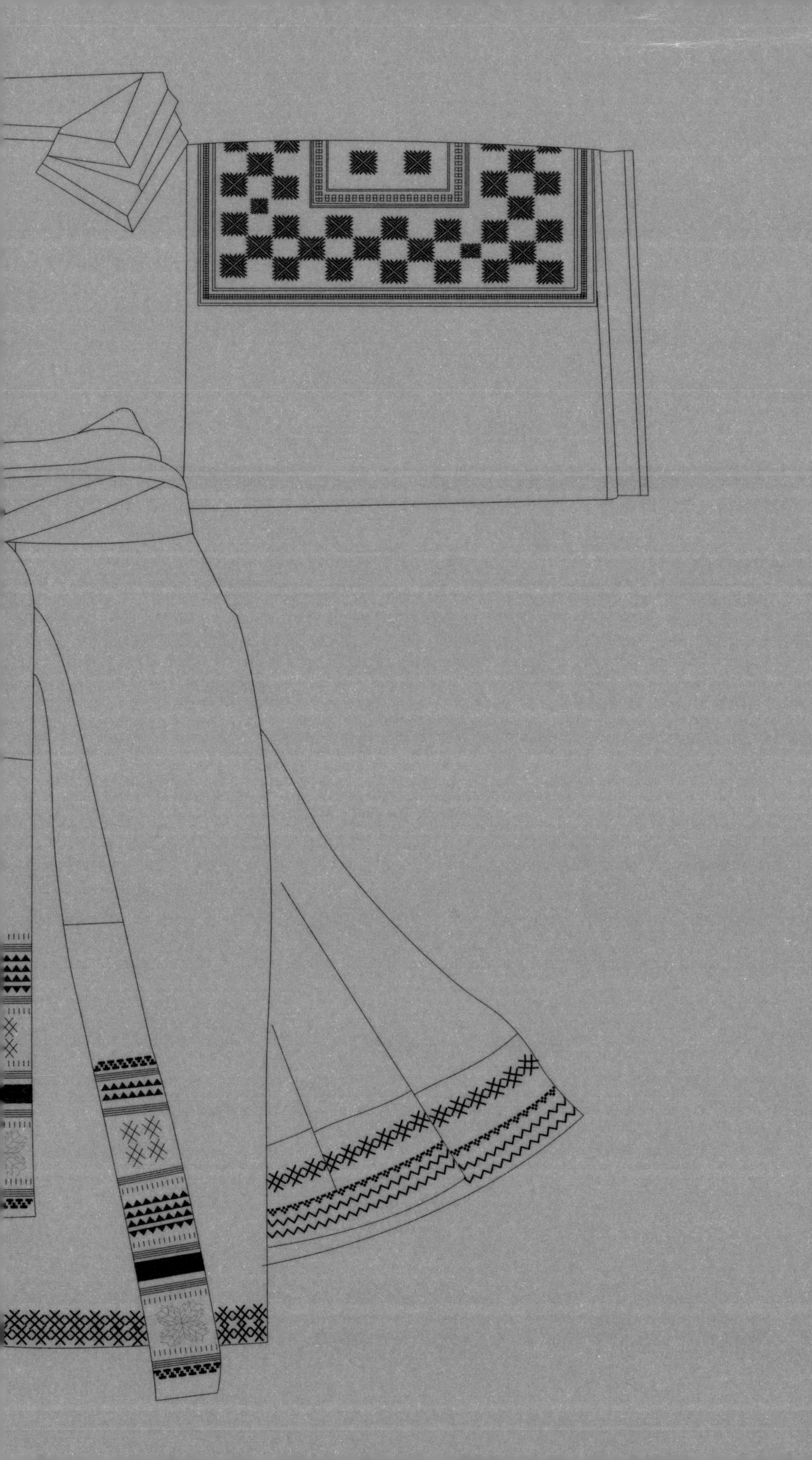

隆林素苗服饰

隆林素苗服饰

隆林素苗服饰

隆林素苗服饰

隆林素苗服饰

素苗简介

素苗曾称"栽姜苗"，自称孟拜，素苗苗语叫"Hmoob Npaig"，没有"栽姜"的含义。素苗支系人口全部居住在蛇场乡的马场村和乐香村。素苗语言为苗语川黔滇方言贵阳次方言西南土语。

素苗服饰采用天然麻线为原材料，从纺线、织布到蜡染、刺绣，全部为手工制作，绚丽多彩，美不胜收。服饰为贯首型德峨式，多为黑色土布或素色布料制成，腰间常系一条黑色围腰。衣服仍保留古式，衣领翻向两肩，两边绲压 5 ~ 6 厘米宽的白布条，从上往下套，内外两层，外层背后绣上小方块的图案，长至腰部，前面短至裙头，系上腰带扎紧。

素苗服饰

上衣 | 裙子 | 围腰 | 腰带 | 草鞋

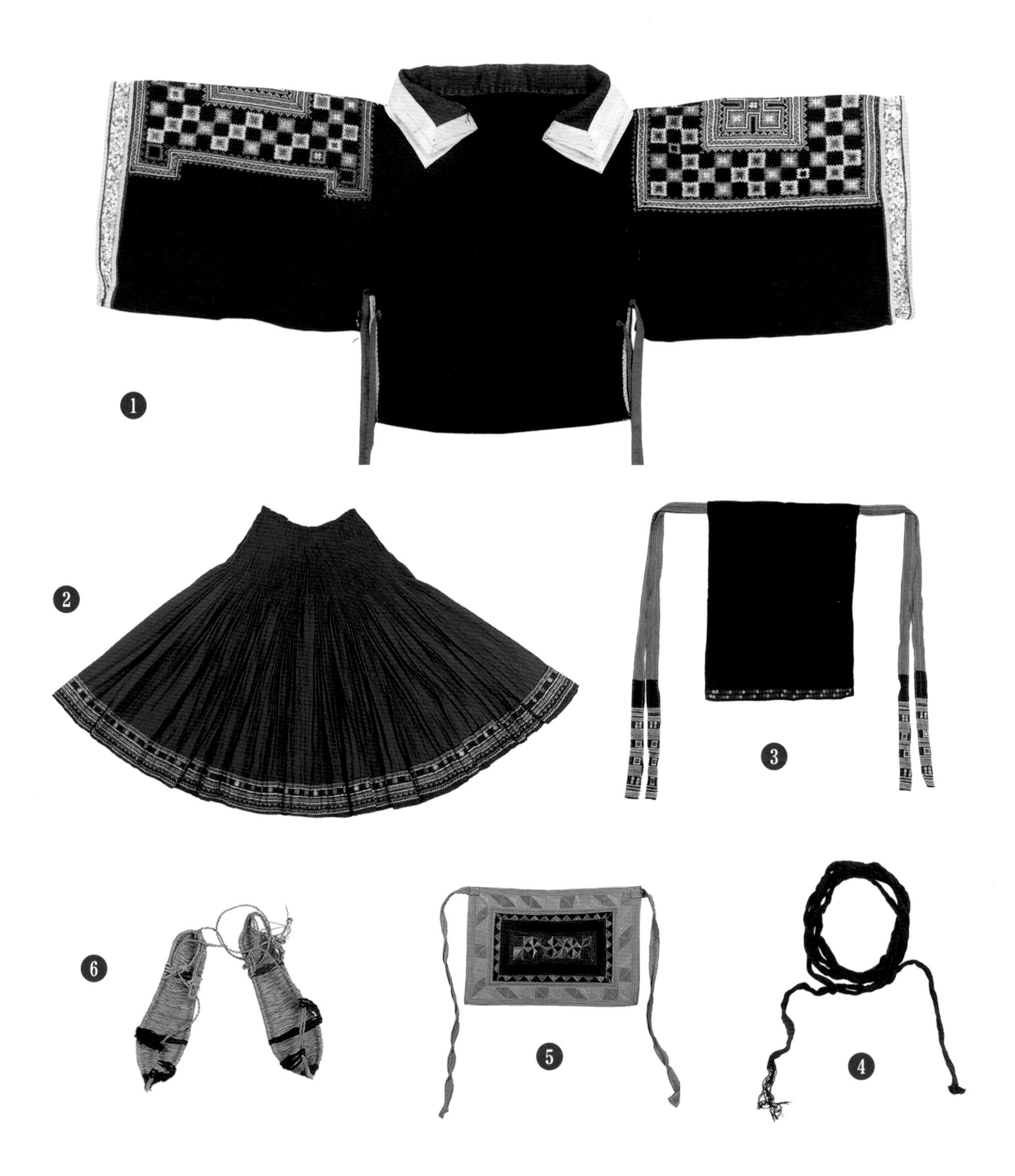
❶
❷
❸
❻
❺
❹

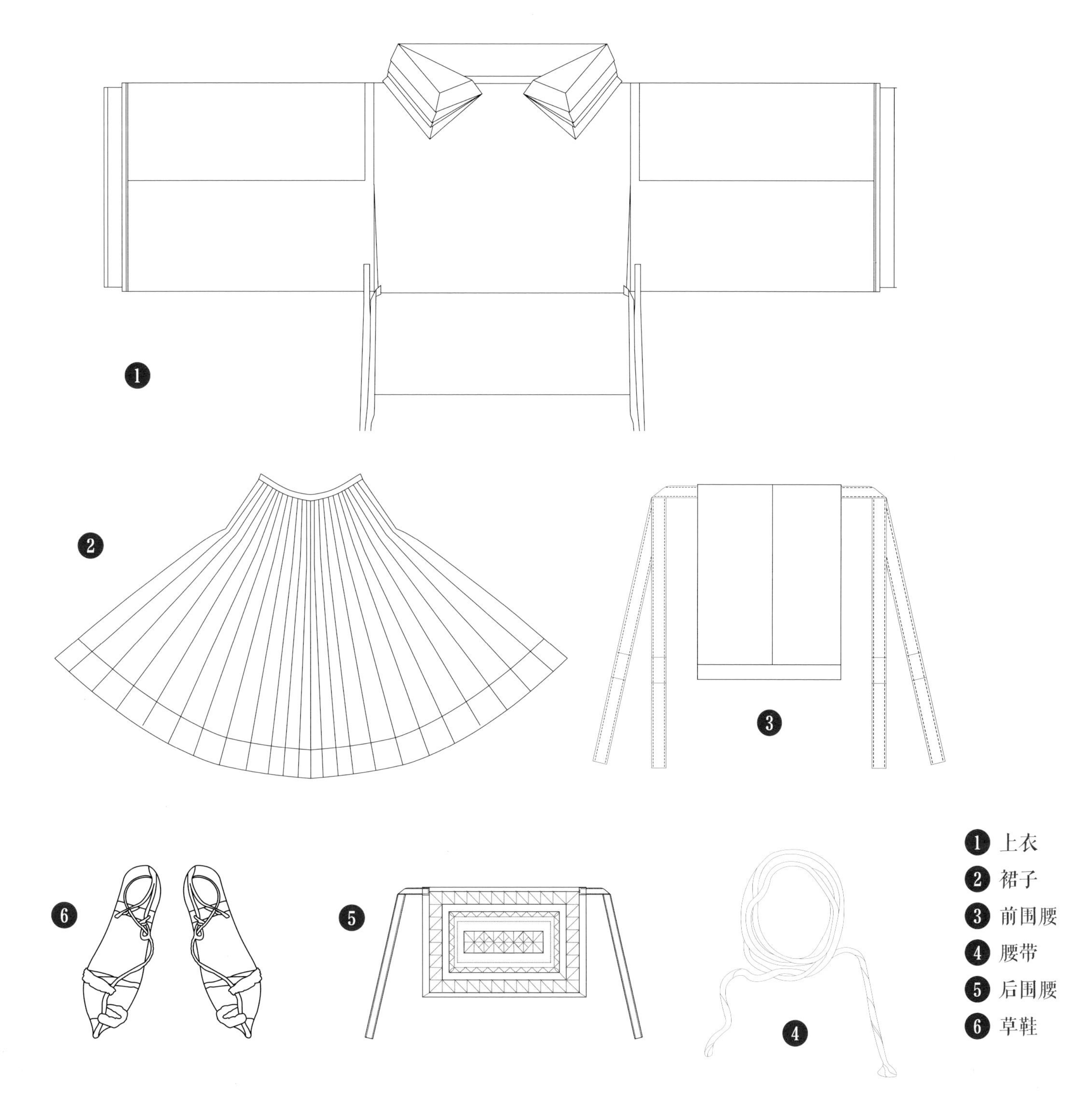
❶ 上衣
❷ 裙子
❸ 前围腰
❹ 腰带
❺ 后围腰
❻ 草鞋

【素苗·上衣】

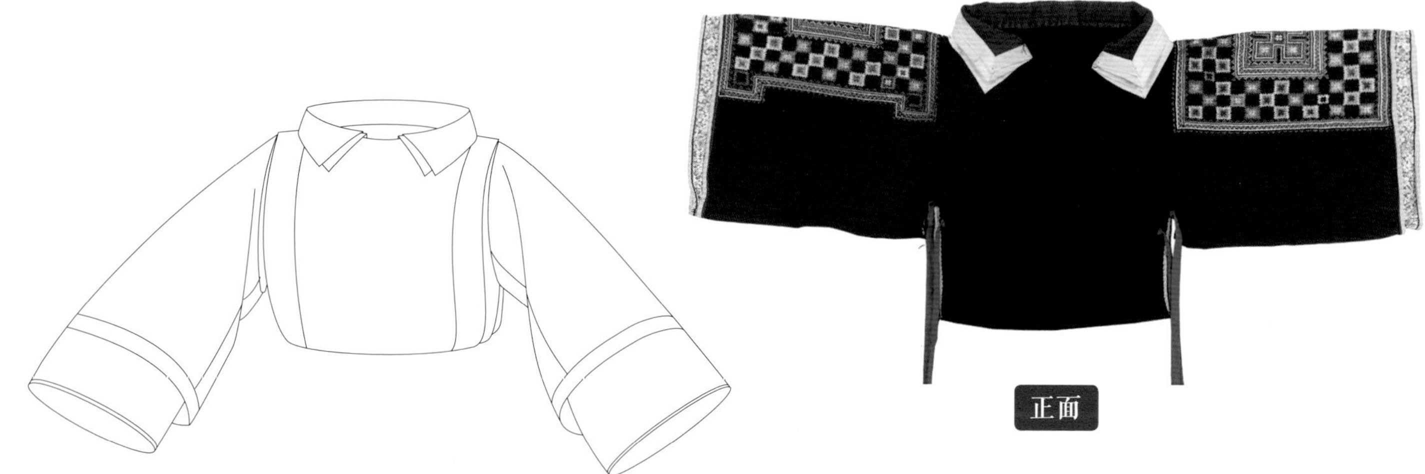

正面

背面

素苗上衣保留古式，外观显得宽大厚重，类似铠甲加身的古代将士，风格突出。胸襟、肩头、背部及两袖皆用挑满几何图案的大块布料缝制，无开襟，无纽扣。衣领用白布镶边，大开口，往外翻向两肩，领口在颈前开小衩，呈双式三角形，穿时由头往下套，后面长至腰部，前面短至裙头，系上腰带扎紧。

纹样